国家自然科技资源共享平台项目资助

农作物种质资源技术规范丛书（2-28）

黑吉豆种质资源描述规范和数据标准

Descriptors and Data Standard for Black gram

[*Vigna mungo*（L.）Hepper]

程须珍　王素华　王丽侠 等　编著

U0306595

中国农业科学技术出版社

图书在版编目（CIP）数据

黑吉豆种质资源描述规范和数据标准/程须珍，王素华，王丽侠等编著 . —北京：中国农业科学技术出版社，2014. 11
（农作物种质资源技术规范丛书）
ISBN 978 – 7 – 5116 – 1847 – 4

Ⅰ. ①黑…　Ⅱ. ①程…②王…③王…　Ⅲ. ①豆类作物 – 种质资源 – 描写 – 规范②豆类作物 – 种质资源 – 数据 – 标准　Ⅳ. ①S529 – 65

中国版本图书馆 CIP 数据核字（2014）第 239114 号

责任编辑　　张孝安
责任校对　　贾晓红

出 版 者　中国农业科学技术出版社
　　　　　北京市中关村南大街 12 号　邮编：100081
电　　话　（010）82109708（编辑室）　（010）82109704（发行部）
　　　　　（010）82109709（读者服务部）
传　　真　（010）82106650
网　　址　http：//www. castp. cn
经 销 者　各地新华书店
印 刷 者　北京京华虎彩印刷有限公司
开　　本　710 mm × 1 000 mm　1/16
印　　张　6. 375
字　　数　125 千字
版　　次　2014 年 11 月第 1 版　2014 年 11 月第 1 次印刷
定　　价　35. 00 元

《农作物种质资源技术规范》
总 编 辑 委 员 会

郑殿升　房伯平　范源洪　欧良喜　周传生

赵来喜　赵密珍　俞明亮　郭小丁　姜　全

姜慧芳　柯卫东　胡红菊　胡忠荣　娄希祉

高卫东　高洪文　袁　清　唐　君　曹永生

曹卫东　曹玉芬　黄华孙　黄秉智　龚友才

崔　平　揭雨成　程须珍　董玉琛　董永平

粟建光　韩龙植　蔡　青　熊兴平　黎　裕

潘一乐　潘大建　魏兴华　魏利青

总审校　娄希祉　曹永生　刘　旭

《黑吉豆种质资源描述规范和数据标准》
编 写 委 员 会

《农作物种质资源技术规范》

前　言

农作物种质资源是人类生存和发展最有价值的宝贵财富，是国家重要的战略性资源，是作物育种、生物科学研究和农业生产的物质基础，是实现粮食安全、生态安全与农业可持续发展的重要保障。中国农作物种质资源种类多、数量大，以其丰富性和独特性在国际上占有重要地位。经过广大农业科技工作者多年的努力，目前，已收集保存了 38 万份种质资源，积累了大量科学数据和技术资料，为制定农作物种质资源技术规范奠定了良好的基础。

农作物种质资源技术规范的制定是实现中国农作物种质资源工作标准化、信息化和现代化，促进农作物种质资源事业跨越式发展的一项重要任务，是农作物种质资源研究的迫切需要。其主要作用是：①规范农作物种质资源的收集、整理、保存、鉴定、评价和利用；②度量农作物种质资源的遗传多样性和丰富度；③确保农作物种质资源的遗传完整性，拓宽利用价值，提高使用时效；④提高农作物种质资源整合的效率，实现种质资源的充分共享和高效利用。

《农作物种质资源技术规范》是国内首次出版的农作物种质资源基础工具书，是农作物种质资源考察收集、整理鉴定、保存利用的技术手册，其主要特点：①植物分类、生态、形态，农艺、生理生化、植物保护，计算机等多学科交叉集成，具有创新性；②综合运用国内外有关标准规范和技术方法的最新研究成果，具有先进性；③由实践经验丰富和理论水平高的科学家编审，科学性、系统性和实用性强，具有权威性；④资料翔实、结构严谨、形式新颖、图文并茂，具有可操作性；⑤规定了粮食作物、经济作物、蔬菜、果树、牧草绿肥等五大类 100 多种作物种质资源的描述规范、数据标准和数据质量控制规范，以及收集、整理、保存技术规程，内容丰富，具有完整性。

《农作物种质资源技术规范》是在农作物种质资源 50 多年科研工作的基础上，参照国内外相关技术标准和先进方法，组织全国 40 多个科研单位，500 多名科技人员进行编撰，并在全国范围内征求了 2 000 多位专家的意见，召开了近百次专家咨询会议，经反复修改后形成的。《农作物种质资源技术规范》以作物为基础分册出版，共计 100 余册，便于查阅使用。

《农作物种质资源技术规范》的编撰出版，是国家自然科技资源共享平台建设的重要任务之一。国家自然科技资源共享平台项目由科技部和财政部共同立项，各资源领域主管部门积极参与，科技部农村与社会发展司精心组织实施，农业部科技教育司具体指导，并得到中国农业科学院的全力支持及全国有关科研单位、高等院校及生产部门的大力协助，在此谨致诚挚的谢意。由于时间紧、任务重、缺乏经验，书中难免有疏漏之处，恳请读者批评指正，以便修订。

总编辑委员会

前　言

　　黑吉豆是豆科（Leguminosae）菜豆族（Phaseoleae）豇豆属（*Vigna*）中的一个种。豇豆属有 80 多个种，分布在 7 个亚属，在 *Vigna Ceratoropis* 亚属和 *Vigna vigna* 亚属中有栽培种。其中，*Ceratotropis* 亚属起源于亚洲，包括 5 个栽培种和 16 个野生种，其栽培种分别是绿豆（*Vigna radiata*）、小豆（*Vigna angularis*）、饭豆（*Vigna umbellata*）、黑吉豆（*Vigna mungo*）和乌头叶菜豆（*Vigna aconitifolius*），它们是一个形态同类和高度特化的分类组群。黑吉豆为一年生草本植物，学名 *Vigna mungo*（L.）Hepper，种下有 *Vigna mungo* var. *mungo* 和 *Vigna mungo* var. *silvestris* 两个变种。黑吉豆的别名为黑绿豆，英文名 Black gram，染色体数 $2n = 2x = 22$，出苗时子叶出土。

　　黑吉豆与绿豆、小豆、饭豆亲缘关系较近，有研究认为饭豆和绿豆可能是从同一个祖先派生出来的，而小豆和黑吉豆是后来分别从饭豆和绿豆中衍生出来的。4 个豆种可分成两个组，黑吉豆和绿豆为一组，饭豆和小豆为一组，组内的两个豆种仍保留较高的染色体同源性。黑吉豆和绿豆亲缘关系较近，Verdcourt（1970）曾认为，它们可能是同一个种所形成的变种，而 Marechal 等（1978）则认为，黑吉豆和绿豆应该是两个独立的豆种。黑吉豆与绿豆的主要区别是托叶窄，花鲜黄色，龙骨瓣上的角状附属物较长，荚果较粗短，竖直上举生长，被长茸毛，种脐椭圆中间凹陷，种子富含 γ-谷酰基蛋氨酸；而绿豆的托叶较大，呈盾状，花暗黄色，龙骨瓣上的角状附属物较短，荚果较细长，向外伸展或下弯生长，被短茸毛，种脐扁平，种子富含 γ-甲基谷酰氨酸及其亚基。另外，黑吉豆较绿豆对光温反应敏感。

黑吉豆起源于南亚次大陆，瓦维洛夫认为黑吉豆属于"印度起源中心"，而"中亚起源中心"为次级起源中心。Chandel 等（1984）认为，栽培黑吉豆是从野生祖先 *V. mungo* var. *silestris* 中被驯化的，其遗传多样性中心也在印度。野生黑吉豆在印度和缅甸等广泛分布。黑吉豆属热季豆类，从干旱潮湿的温带至非常干旱潮湿的热带，在海拔 2 000m 以下的地区都有分布。黑吉豆以印度栽培最多，巴基斯坦、斯里兰卡、孟加拉等国都有种植，并已传播到亚洲、非洲和美洲等地区，如泰国、中国、肯尼亚和美国等。

黑吉豆是印度古老的豆类作物，栽培面积在 250 万 hm² 左右，全国各地都有种植，主要分布在中央邦、北方邦和马哈拉施特拉邦等地，年产量约 100 万 t，一般平均每公顷 340~565kg；改良品种单产较高，每公顷可达 900~1 500kg，主要用于本国消费。泰国也是黑吉豆主要生产国，栽培面积约 10 万~12 万 hm²，主要分在北部低洼地区，常在 8~9 月玉米收获后播种，年产量约 7 万~9 万 t，90% 以上用于出口，主要输往印度、日本、中国等。黑吉豆在中国具有悠久栽培历史，但分布不太广泛，仅在广东省、广西壮族自治区、云南省等地有少量种植。黑吉豆与绿豆十分相似，常在绿豆货源不足时用黑吉豆替代，即使种植也常误称为绿豆。

黑吉豆种质资源是黑吉豆新品种选育、遗传理论研究、生物技术研究和农业生产的重要物质基础。全世界搜集和保存黑吉豆种质资源 4 000 多份，其中印度 2 000 多份、巴基斯坦 646 份、亚洲蔬菜研究与发展中心（ARC-AVRDC）481 份、孟加拉 339 份、美国 300 多份和日本 105 份等。中国黑吉豆种质资源相对较少，多与绿豆混合保存。目前，已收集到国内外黑吉豆种质百余份，其中部分已完成农艺性状鉴定并编入《中国食用豆类品种目录》，部分已送交国家种质库长期保存，并对抗病（虫）性、抗逆性及品质性状等指标进行了评价，筛选出几份丰产、品质优良、抗病（虫）、抗逆性强、适应性广的优良种质。

黑吉豆种质资源描述规范和数据标准的制定是国家农作物种质资源平

台建设的重要内容。制定统一的黑吉豆种质资源规范标准，有利于整合全国黑吉豆种质资源，规范黑吉豆种质资源的收集、整理和保存等基础性工作，创造良好的资源和信息共享环境和条件；有利于保护和利用黑吉豆种质资源，充分挖掘其潜在的经济、社会和生态价值，促进全国黑吉豆种质资源研究的有序和高效发展。

黑吉豆种质资源描述规范规定了黑吉豆种质资源的描述符及其分级标准，以便对黑吉豆种质资源进行标准化整理和数字化表达。黑吉豆种质资源数据标准规定了黑吉豆种质资源各描述符的字段名称、类型、长度、小数位、代码等，以便建立统一、规范的黑吉豆种质资源数据库。黑吉豆种质资源数据质量控制规范规定了黑吉豆种质资源数据采集全过程中的质量控制内容和质量控制方法，以保证数据的系统性、可比性和可靠性。

《黑吉豆种质资源描述规范和数据标准》由中国农业科学院作物科学研究所主持编写，并得到了全国黑吉豆科研、教学和生产单位的大力支持。在编写过程中，参考了国内外相关文献，由于篇幅所限，书中仅列主要参考文献，在此一并致谢。由于编著者水平有限，错误和疏漏之处在所难免，恳请批评指正。

编著者

目　　录

一　黑吉豆种质资源描述规范和数据标准制定的原则和方法 ……………（1）

二　黑吉豆种质资源描述简表 ……………………………………（3）

三　黑吉豆种质资源描述规范 ……………………………………（8）

四　黑吉豆种质资源数据标准 ……………………………………（27）

五　黑吉豆种质资源数据质量控制规范 …………………………（42）

六　黑吉豆种质资源数据采集表 …………………………………（77）

七　黑吉豆种质资源利用情况报告格式 …………………………（81）

八　黑吉豆种质资源利用情况登记表 ……………………………（82）

主要参考文献 ……………………………………………………（83）

《农作物种质资源技术规范丛书》分册目录 …………………（84）

一 黑吉豆种质资源描述规范和数据标准制定的原则和方法

1 黑吉豆种质资源描述规范制定的原则和方法

1.1 原则

1.1.1 优先采用现有数据库中的描述符和描述标准。

1.1.2 以种质资源研究和育种需求为主，兼顾生产与市场需要。

1.1.3 立足中国现有基础，考虑将来发展，尽量与国际接轨。

1.2 方法和要求

1.2.1 描述符类别分为6类。

    1   基本信息

    2   形态特征和生物学特性

    3   品质特性

    4   抗逆性

    5   抗病虫性

    6   其他特征特性

1.2.2 描述符代号由描述符类别加两位顺序号组成，如"110"、"208"、"306"等。

1.2.3 描述符性质分为3类。

    M   必选描述符（所有种质必须鉴定评价的描述符）

    O   可选描述符（可选择鉴定评价的描述符）

    C   条件描述符（只对特定种质进行鉴定评价的描述符）

1.2.4 描述符的代码应是有序的，如数量性状从细到粗、从低到高、从小到大、从少到多排列，颜色从浅到深，抗性从强到弱等。

1.2.5 每个描述符应有一个基本的定义或说明，数量性状应标明单位，质量性状应有评价标准和等级划分。

1.2.6 植物学形态描述符应附模式图。

1.2.7 重要数量性状应以数值表示。

2 黑吉豆种质资源数据标准制定的原则和方法

2.1 原则

2.1.1 数据标准中的描述符应与描述规范相一致。

2.1.2 数据标准应优先考虑现有数据库中的数据标准。

2.2 方法和要求

2.2.1 数据标准中的代号应与描述规范中的代号一致。

2.2.2 字段名最长 12 位。

2.2.3 字段类型分字符型（C）、数值型（N）和日期型（D）。日期型的格式为 YYYYMMDD。

2.2.4 经度的类型为 N，格式为 DDDFF；纬度的类型为 N，格式为 DDFF，其中，D 为度，F 为分；东经以正数表示，西经以负数表示；北纬以正数表示，南纬以负数表示，如 "12136"，"3921"。

3 黑吉豆种质资源数据质量控制规范制定的原则和方法

3.1 原则

3.1.1 采集的数据应具有系统性、可比性和可靠性。

3.1.2 数据质量控制以过程控制为主，兼顾结果控制。

3.1.3 数据质量控制方法应具有可操作性。

3.2 方法和要求

3.2.1 鉴定评价方法以现行国家标准和行业标准为首选依据；如无国家标准和行业标准，则以国际标准或国内比较公认的先进方法为依据。

3.2.2 每个描述符的质量控制应包括田间设计，样本数或群体大小，时间或时期，取样数和取样方法，计量单位、精度和允许误差，采用的鉴定评价规范和标准，采用的仪器设备，性状的观测和等级划分方法，数据校验和数据分析。

二 黑吉豆种质资源描述简表

序号	代号	描述符	描述符性质	单位或代码
1	101	全国统一编号	M	
2	102	种质库编号	M	
3	103	引种号	C/国外种质	
4	104	采集号	C/野生资源和地方品种	
5	105	种质名称	M	
6	106	种质外文名	M	
7	107	科名	M	
8	108	属名	M	
9	109	学名	M	
10	110	原产国	M	
11	111	原产省	M	
12	112	原产地	M	
13	113	海拔	C/野生资源和地方品种	m
14	114	经度	C/野生资源和地方品种	
15	115	纬度	C/野生资源和地方品种	
16	116	来源地	M	
17	117	保存单位	M	
18	118	保存单位编号	M	
19	119	系谱	C/选育品种或品系	
20	120	选育单位	C/选育品种或品系	
21	121	育成年份	C/选育品种或品系	
22	122	选育方法	C/选育品种或品系	
23	123	种质类型	M	1:野生资源　2:地方品种　3:选育品种 4:品系　　　5:遗传材料　6:其他
24	124	图像	O	
25	125	观测地点	M	

（续表）

序号	代号	描述符	描述符性质	单位或代码
26	126	观测年份	O	
27	201	播种期	M	
28	202	出苗期	M	
29	203	三叶期	O	
30	204	分枝期	O	
31	205	始花期	O	
32	206	开花期	M	
33	207	始熟期	O	
34	208	成熟期	M	
35	209	收获期	M	
36	210	全生育日数	M	d
37	211	熟性	M	1:早　　　　2:中　　　　3:晚
38	212	出土子叶色	M	1:绿色　　　　2:紫色
39	213	幼茎色	M	1:绿色　　　　2:紫色
40	214	对生单叶叶色	O	1:浅绿色　　2:绿色　　3:深绿色
41	215	对生单叶叶形	M	1:披针形　　　　2:长卵形
42	216	复叶叶色	M	1:浅绿色　　2:绿色　　3:深绿色
43	217	小叶叶形	M	1:三角形　　2:卵圆形　　3:菱形 4:倒卵形
44	218	叶片茸毛密度	O	0:无　　　　1:稀　　　　2:密
45	219	小叶叶缘	O	1:全缘　　　　2:浅裂
46	220	叶片尖端形状	O	1:锐　　　　2:钝
47	221	叶片长	O	cm
48	222	叶片宽	O	cm
49	223	叶片大小	M	1:小　　　　2:中　　　　3:大
50	224	叶柄色	M	1:绿色　　　　2:紫色
51	225	叶柄茸毛密度	O	0:无　　　　1:稀　　　　2:密
52	226	叶柄长	O	cm
53	227	叶柄粗	O	cm
54	228	叶脉色	M	1:绿色　　　　2:紫色
55	229	小叶基部色	M	1:绿色　　　　2:紫色
56	230	第一花梗节位	O	节

（续表）

序号	代号	描述符	描述符性质	单位或代码
57	231	花蕾色	M	1:绿色　　　　2:绿紫色
58	232	花色	M	1:浅黄色　　　2:黄色　　　3:黄带紫色
59	233	主茎色	M	1:绿色　　　　2:绿紫色　　3:紫色
60	234	主茎茸毛密度	O	0:无　　　　　1:稀　　　　2:密
61	235	主茎茸毛颜色	O	1:灰色　　　　2:红褐色
62	236	第一分枝节位	O	节
63	237	主茎分枝数	M	个
64	238	分枝级数	O	级
65	239	分枝性	O	1:强　　　　　2:中　　　　3:弱
66	240	株高	M	cm
67	241	主茎粗	O	cm
68	242	主茎节数	M	节
69	243	生长习性	M	1:直立　　　　2:半蔓生　　3:蔓生
70	244	结荚习性	O	1:有限　　　　2:无限
71	245	幼荚色	M	1:绿色　　　　2:绿带紫色
72	246	成熟荚色	M	1:浅褐色　　　2:褐色　　　3:黑色
73	247	荚形	M	1:圆筒形　　　2:扁筒形
74	248	荚茸毛密度	O	0:无　　　　　1:稀　　　　2:密
75	249	荚茸毛颜色	O	1:灰色　　　　2:红褐色
76	250	裂荚性	O	0:不裂　　　　1:裂
77	251	单株荚数	M	个
78	252	荚长	M	cm
79	253	荚宽	M	cm
80	254	单荚粒数	M	粒
81	255	粒色	M	1:绿色　2:灰色　3:褐色　4:黑色 5:花斑点
82	256	粒形	M	1:短圆柱形　2:长圆柱形　　3:球形
83	257	种皮光泽	M	1:光　　　　　2:毛
84	258	粒长	O	cm
85	259	粒宽	O	cm
86	260	百粒重	M	g
87	261	籽粒大小	M	1:小　　　2:中　　　3:大　　　4:特大
88	262	籽粒均匀度	O	1:均匀　　2:中等　　3:不均匀

（续表）

序号	代号	描述符	描述符性质	单位或代码
89	263	硬实率	O	%
90	264	单株产量	M	g
91	265	粗蛋白含量	M	%
92	301	粗脂肪含量	O	%
93	302	总淀粉含量	M	%
94	303	直链淀粉含量	O	%
95	304	支链淀粉含量	O	%
96	305	天门冬氨酸含量	O	%
97	306	苏氨酸含量	O	%
98	307	丝氨酸含量	O	%
99	308	谷氨酸含量	O	%
100	309	甘氨酸含量	O	%
101	310	丙氨酸含量	O	%
102	311	胱氨酸含量	O	%
103	312	缬氨酸含量	O	%
104	313	蛋氨酸含量	O	%
105	314	异亮氨酸含量	O	%
106	315	亮氨酸含量	O	%
107	316	酪氨酸含量	O	%
108	317	苯丙氨酸含量	O	%
109	318	赖氨酸含量	O	%
110	319	组氨酸含量	O	%
111	320	精氨酸含量	O	%
112	321	脯氨酸含量	O	%
113	322	色氨酸含量	O	%
114	323	出芽率	O	%
115	324	芽菜风味	O	1：好　　　2：中　　　3：差
116	325	出沙率	O	%
117	326	豆沙风味	O	1：好　　　2：中　　　3：差
118	327	芽期耐旱性	O	1：高耐（HT）　3：耐（T）　5：中耐（MT） 7：弱耐（S）　9：不耐（HS）

（续表）

序号	代号	描述符	描述符性质	单位或代码		
119	401	成株期耐旱性	O	1:高耐（HT）　3:耐（T）　5:中耐（MT） 7:弱耐（S）　　9:不耐（HS）		
120	402	芽期耐盐性	O	1:高耐（HT）　3:耐（T）　5:中耐（MT） 7:弱耐（S）　　9:不耐（HS）		
121	403	苗期耐盐性	O	1:高耐（HT）　3:耐（T）　5:中耐（MT） 7:弱耐（S）　　9:不耐（HS）		
122	404	苗期耐寒性	O	1:高耐（HT）　3:耐（T）　5:中耐（MT） 7:弱耐（S）　　9:不耐（HS）		
123	405	耐涝性	O	1:高耐（HT）　3:耐（T）　5:中耐（MT） 7:弱耐（S）　　9:不耐（HS）		
124	406	抗倒伏性	O	1:强　　　2:中　　　3:弱		
125	407	尾孢菌叶斑病抗性	O	1:高抗(HR)　3:抗(R)　5:中抗(MR) 7:感（S）　9:高感（HS）		
126	501	锈病抗性	O	1:高抗(HR)　3:抗(R)　5:中抗(MR) 7:感（S）　9:高感（HS）		
127	502	白粉病抗性	O	1:高抗(HR)　3:抗(R)　5:中抗(MR) 7:感（S）　9:高感（HS）		
128	503	丝核菌根腐病抗性	O	1:高抗(HR)　3:抗(R)　5:中抗(MR) 7:感（S）　9:高感（HS）		
129	504	镰刀菌根腐病抗性	O	1:高抗(HR)　3:抗(R)　5:中抗(MR) 7:感（S）　9:高感（HS）		
130	505	镰刀菌枯萎病抗性	O	1:高抗(HR)　3:抗(R)　5:中抗(MR) 7:感（S）　9:高感（HS）		
131	506	花叶病毒病抗性	O	1:高抗(HR)　3:抗(R)　5:中抗(MR) 7:感（S）　9:高感（HS）		
132	507	蚜虫抗性	O	1:高抗(HR)　3:抗(R)　5:中抗(MR) 7:感（S）　9:高感（HS）		
133	508	红蜘蛛抗性	O	1:高抗(HR)　3:抗(R)　5:中抗(MR) 7:感（S）　9:高感（HS）		
134	509	豆象抗性	O	1:高抗(HR)　3:抗(R)　5:中抗(MR) 7:感（S）　9:高感（HS）		
135	510	核型	M			
136	601	指纹图谱与分子标记	O			
137	602	备注	O			

三 黑吉豆种质资源描述规范

1 范围

本规范规定了黑吉豆种质资源的描述符及其分级标准。

本规范适用于黑吉豆种质资源的收集、整理和保存，数据标准和数据质量控制规范的制定，以及数据库和信息共享网络系统的建立。

2 规范性引用文件

下列文件中的条款通过本规范的引用而成为本规范的条款。凡是注日期的引用文件，其随后所有的修改单（不包括勘误的内容）或修订版均不适用于本规范，然而，鼓励根据本规范达成协议的各方研究是否可使用这些文件的最新版本。凡是不注日期的引用文件，其最新版本适用于本规范。

ISO 3166 Codes for the Representation of Names of Countries

GB/T 2659　世界各国和地区名称代码

GB/T 2260　中华人民共和国行政区划代码

GB/T 12404　单位隶属关系代码

GB/T 3543　农作物种子检验规程

GB 7415　主要农作物种子贮藏

GB 4404.3　粮食作物种子 赤豆 绿豆

GB 10461　小豆

GB 10462　绿豆

GB/T 10220　感官分析方法总论

GB/T 15666　豆类试验方法

GB 5006　谷物籽粒粗淀粉测定法（改进的盐酸水解 – 旋光法）

GB 5511　粮食、油料检验 粗蛋白质测定法

GB 5512　粮食、油料检验 粗脂肪测定法

GB 7649 谷物籽粒氨基酸测定的前处理方法

3 术语和定义

3.1 黑吉豆

豆科（Leguminosae）蝶形花亚科（Papilionoideae）菜豆族（Phaseoleae）豇豆属（*Vigna*）中的一个豆种，属一年生草本自花授粉植物，学名 *Vigna mungo*（L.）Hepper，英文名 Black gram 或 Urd，别名黑绿豆。染色体数 $2n = 2x = 22$。出苗时子叶出土。

3.2 黑吉豆种质资源

黑吉豆野生资源、地方品种、选育品种、品系、遗传材料等。

3.3 基本信息

黑吉豆种质资源基本情况描述信息，包括全国统一编号、种质名称、学名、原产地、种质类型等。

3.4 形态特征和生物学特性

黑吉豆种质资源的物候期、植物学形态、产量性状等特征特性。

3.5 品质特性

黑吉豆种质资源的品质特性包括粗蛋白、粗脂肪、总淀粉、氨基酸含量等。

3.6 抗逆性

黑吉豆种质资源对各种非生物胁迫的适应或抵抗能力，包括耐旱性、耐盐性、耐寒性、耐涝性、抗倒伏性等。

3.7 抗病虫性

黑吉豆种质资源对各种生物胁迫的适应或抵抗能力，包括尾孢菌叶斑病、锈病、白粉病、丝核菌根腐病、蚜虫、豆象等。

3.8 黑吉豆的生育周期

生产上，黑吉豆的生活周期经历以下生长发育阶段：幼苗期、枝芽期、花荚期、灌浆期、成熟期和摘后期。从播种后出苗到分枝出现为幼苗期。从第1个分枝形成到第1朵花出现为分枝期和花芽分化期，即枝芽期。当第1片复叶展开后，在叶腋处开始分化叶芽。叶芽有两种，即枝芽和花芽。枝芽形成分枝，花芽形成花蕾。随着黑吉豆的生长发育，茎的分生组织不断形成叶原基和芽原基，称之为分枝期；当分生组织形成的不是叶原基和芽原基，而是花序原基时，则称为花芽分化期。当50%的植株上出现第1朵花时为开花期，开花高峰为盛花期，但黑吉豆开花和结荚无明显界线，统称花荚期。从荚内豆粒开始鼓起，到最大的体积与重量时，为灌浆期。鼓粒后，种子水分迅速下降，干物质达到最大干重，胚的发育也达到成熟色泽，籽粒呈该品种的固有色泽和体积时，即豆荚成熟，当田间出现70%左右的熟荚时，为成熟期，应及时采收。黑吉豆一生可形成2~3次开花结荚高峰，第 1 批荚采摘后，应及时进行叶面喷肥和防病治虫，以延长叶片功能，进而提高产量和品质。

4 基本信息

4.1 全国统一编号
种质的惟一标识号，黑吉豆种质资源的全国统一编号由"C"加 7 位顺序号组成。

4.2 种质库编号
黑吉豆种质在国家农作物种质资源长期库中的编号，由"I2E"加 5 位顺序号组成。

4.3 引种号
黑吉豆种质从国外引入时赋予的编号。

4.4 采集号
黑吉豆种质在野外采集时赋予的编号。

4.5 种质名称
黑吉豆种质的中文名称。

4.6 种质外文名
国外引进种质的外文名或国内种质的汉语拼音名。

4.7 科名
豆科（Leguminosae）。

4.8 属名
豇豆属（*Vigna*）。

4.9 学名
黑吉豆学名为 *Vigna mungo*（L.）Hepper。

4.10 原产国
黑吉豆种质原产国家名称、地区名称或国际组织名称。

4.11 原产省
国内黑吉豆种质原产省份名称；国外引进种质原产国家一级行政区的名称。

4.12 原产地
国内黑吉豆种质的原产县、乡、村名称。

4.13 海拔
黑吉豆种质原产地的海拔高度。单位为 m。

4.14 经度
黑吉豆种质原产地的经度，单位为（°）和（'）。格式为 DDDFF，其中，

DDD 为度，FF 为分。

4.15 纬度

黑吉豆种质原产地的纬度，单位为（°）和（'）。格式为 DDFF，其中，DD 为度，FF 为分。

4.16 来源地

国外引进黑吉豆种质的来源国家名称，地区名称或国际组织名称；国内种质的来源省、县名称。

4.17 保存单位

黑吉豆种质提交国家农作物种质资源长期库前的原保存单位名称。

4.18 保存单位编号

黑吉豆种质原保存单位赋予的种质编号。

4.19 系谱

黑吉豆选育品种（系）的亲缘关系。

4.20 选育单位

选育黑吉豆品种（系）的单位名称或个人。

4.21 育成年份

黑吉豆品种（系）培育成功的年份。

4.22 选育方法

黑吉豆品种（系）的育种方法。

4.23 种质类型

黑吉豆种质类型分为 6 类。

1　野生资源

2　地方品种

3　选育品种

4　品系

5　遗传材料

6　其他

4.24 图像

黑吉豆种质的图像文件名。图像格式为 .jpg。

4.25 观测地点

黑吉豆种质形态特征和生物学特性观测地点的名称。

4.26 观测年份

黑吉豆种质形态特征和生物学特性观测时的年份。

5 形态特征和生物学特性

5.1 播种期

黑吉豆种质进行形态特征和生物学特性鉴定时种子播种的日期，以"年月日"表示，格式"YYYYMMDD"。

5.2 出苗期

小区内 50% 的植株达到出苗标准的日期，以"年月日"表示，格式"YYYYMMDD"。

5.3 三叶期

小区内 50% 的植株第 3 个三出复叶展开时的日期，以"年月日"表示，格式"YYYYMMDD"。

5.4 分枝期

小区内 50% 的植株长出分枝时的日期，以"年月日"表示，格式"YYYYMMDD"。

5.5 始花期

小区内出现第一朵花时的日期，以"年月日"表示，格式"YYYYMMDD"。

5.6 开花期

小区内 50% 的植株见花时的日期，以"年月日"表示，格式"YYYYMM-DD"。

5.7 始熟期

小区内 50% 以上的豆荚呈成熟色时的日期，以"年月日"表示，格式"YYYYMMDD"。

5.8 成熟期

小区内 70% 以上的豆荚呈成熟色时的日期，以"年月日"表示，格式"YYYYMMDD"。

5.9 收获期

黑吉豆种质收获的日期，以"年月日"表示，格式"YYYYMMDD"。

5.10 全生育日数

播种第二天至成熟的天数。

5.11 熟性

黑吉豆豆荚成熟的早晚。根据成熟期的不同，将黑吉豆种质的熟性分为 3 级。

1	早
2	中
3	晚

5.12 出土子叶色

出苗时子叶的颜色。

    1   绿色

    2   紫色

5.13 幼茎色

出苗时幼茎的颜色。

    1   绿色

    2   紫色

5.14 对生单叶叶色

出苗后，对生单叶完全展开时叶片正面的颜色。

    1   浅绿色

    2   绿色

    3   深绿色

5.15 对生单叶叶形

出苗后，子叶节的上一节两片对生单叶完全展开时的形状（图1）。

    1   披针形

    2   长卵形

1. 披针形   2. 长卵形

图1　对生单叶叶形

5.16 复叶叶色

开花期，主茎中部三出复叶完全展开时叶片正面的颜色。

    1   浅绿色

    2   绿色

    3   深绿色

5.17 小叶叶形

开花期，主茎中部三出复叶中间小叶完全展开时的形状（图2）。

    1   三角形

    2   卵圆形

    3   菱形

4　　倒卵形

1.三角形　　　　2.卵圆形　　　　3.菱形　　　　4.倒卵形

图2　复叶叶形

5.18　叶片茸毛密度

开花期，主茎中部三出复叶中间小叶完全展开时叶片正面茸毛的密度。

　　　　0　　无
　　　　1　　稀
　　　　2　　密

5.19　小叶叶缘

开花期，主茎中部三出复叶中间小叶完全展开时叶片尖端边缘的形状。

　　　　1　　全缘
　　　　2　　浅裂

5.20　叶片尖端形状

开花期，主茎中部三出复叶中间小叶完全展开时叶片尖端的形状（图3）。

　　　　1　　锐
　　　　2　　钝

1.锐　　　　　　　2.钝

图3　叶片尖端形状

5.21　叶片长

开花期，主茎中部三出复叶中间小叶完全展开时叶片基部至叶尖端的距离（图4）。单位为cm。

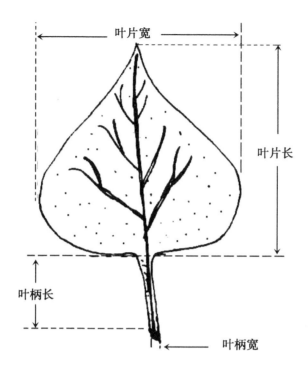

图 4　叶片长宽和叶柄长宽

5.22　叶片宽

　　开花期，主茎中部三出复叶中间小叶完全展开时叶片最宽处的距离（图 4）。单位为 cm。

5.23　叶片大小

　　开花期，主茎中部三出复叶中间小叶完全展开时叶片的大小。

　　　　　　1　　　小

　　　　　　2　　　中

　　　　　　3　　　大

5.24　叶柄色

　　开花期，主茎中部三出复叶叶柄的颜色。

　　　　　　1　　　绿色

　　　　　　2　　　紫色

5.25　叶柄茸毛密度

　　开花期，主茎中部三出复叶叶柄表面茸毛分布的稀疏程度。

　　　　　　0　　　无

　　　　　　1　　　稀

2 密

5.26 叶柄长

开花期，主茎中部三出复叶叶柄的长度（图4）。单位为 cm。

5.27 叶柄粗

开花期，主茎中部三出复叶叶柄最粗处横切面的宽度（图4）。单位为 cm。

5.28 叶脉色

开花期，主茎中部三出复叶叶脉的颜色。

1 绿色
2 紫色

5.29 小叶基部色

开花期，主茎中部三出复叶小叶叶片基部的颜色。

1 绿色
2 紫色

5.30 第一花梗节位

主茎上第一个花梗着生的节位。

5.31 花蕾色

现蕾时苞叶和花萼的颜色。

1 绿色
2 绿紫色

5.32 花色

开花当天花冠的颜色。

1 浅黄色
2 黄色
3 黄带紫色

5.33 主茎色

花荚期，主茎表面的颜色。

1 绿色
2 绿紫色
3 紫色

5.34 主茎茸毛密度

花荚期，主茎表面茸毛分布的稀疏程度（图5）。

0 无
1 稀
2 密

0.无   1.稀   2.密

图 5 主茎茸毛密度

5.35 主茎茸毛颜色

花荚期，主茎表面茸毛的颜色。

  1 灰色

  2 红褐色

5.36 第一分枝节位

第一个分枝在主茎上着生的节位。

5.37 主茎分枝数

主茎上一级分枝的总数。单位为个。

5.38 分枝级数

产生分枝的最高级次。单位为级。

5.39 分枝性

植株分生侧枝的能力。

  1 强

  2 中

  3 弱

5.40 株高

成熟期，从子叶节到植株顶端的距离。单位为 cm。

5.41 主茎粗

成熟期，主茎中部节间最粗处的横径。单位为 cm。

5.42 主茎节数

成熟期，从子叶节到植株主茎顶端最后一片复叶着生节的节数。单位为节。

5.43 生长习性

开花期，主茎和分枝的生长状况（图6）。

  1 直立

  2 半蔓生

3　　蔓生

1. 直立　　　　　　　2. 半蔓生　　　　　　3. 蔓生

图6　生长习性

5.44　结荚习性

主茎生长点无限生长或形成顶端花芽的习性。

1　　有限

2　　无限

5.45　幼荚色

豆荚未成熟时的颜色。

1　　绿色

2　　绿带紫色

5.46　成熟荚色

豆荚成熟时的颜色。

1　　浅褐色

2　　褐色

3　　黑色

5.47　荚形

豆荚成熟时的外观形状（图7）。

1　　圆筒形

2　　扁筒形

5.48　荚茸毛密度

豆荚成熟时茸毛的密度。

0　　无

1　　稀

2　　密

1. 圆筒形　　　　2. 扁筒形

图 7　荚形

5.49　荚茸毛颜色

豆荚成熟时茸毛的颜色。

　　1　　灰色

　　2　　红褐色

5.50　裂荚性

成熟时豆荚开裂习性。

　　0　　不裂

　　1　　裂

5.51　单株荚数

单个植株上的有效荚数。单位为个。

5.52　荚长

豆荚成熟时，基部至顶端的距离。单位为 cm。

5.53　荚宽

成熟荚最宽处两端的距离。单位为 cm。

5.54　单荚粒数

单个豆荚内所含的成熟籽粒数。单位为粒。

5.55　粒色

成熟籽粒的颜色

　　1　　绿色

　　2　　灰色

　　3　　褐色

　　4　　黑色

　　5　　花斑点

5.56　粒形

成熟籽粒的形状（图 8）。

　　1　　短圆柱形

　　2　　长圆柱形

3   球形

1. 短圆柱形   2. 长圆柱形   3. 球形

图8   粒形

5.57   种皮光泽

成熟籽粒表面光泽有无状况

1   光

2   毛

5.58   粒长

正常成熟籽粒基部至顶端的距离。单位为 cm。

5.59   粒宽

正常成熟籽粒最宽处两端的距离。单位为 cm。

5.60   百粒重

100 粒干籽粒的重量。单位为 g。

5.61   籽粒大小

籽粒的大小程度。

1   小

2   中

3   大

4   特大

5.62   籽粒均匀度

成熟籽粒大小、粒形、粒色、饱满程度的一致性。

1   均匀

2   中等

3   不均匀

5.63   硬实率

不能正常吸水膨胀、不易煮烂的籽粒所占的百分比。

5.64   单株产量

单个植株上干籽粒的重量。单位为 g。

6 品质特性

6.1 粗蛋白含量
成熟干籽粒中，粗蛋白质所占干籽粒质量的百分比。以%表示。

6.2 粗脂肪含量
成熟干籽粒中，粗脂肪所占干籽粒质量的百分比。以%表示。

6.3 总淀粉含量
成熟干籽粒中，总淀粉所占干籽粒质量的百分比。以%表示。

6.4 直链淀粉含量
成熟干籽粒中，直链淀粉所占干籽粒质量的百分比。以%表示。

6.5 支链淀粉含量
成熟干籽粒中，支链淀粉所占干籽粒质量的百分比。以%表示。

6.6 天门冬氨酸含量
成熟干籽粒中，天门冬氨酸所占干籽粒质量的百分比。以%表示。

6.7 苏氨酸含量
成熟干籽粒中，苏氨酸所占干籽粒质量的百分比。以%表示。

6.8 丝氨酸含量
成熟干籽粒中，丝氨酸所占干籽粒质量的百分比。以%表示。

6.9 谷氨酸含量
成熟干籽粒中，谷氨酸所占干籽粒质量的百分比。以%表示。

6.10 甘氨酸含量
成熟干籽粒中，甘氨酸所占干籽粒质量的百分比。以%表示。

6.11 丙氨酸含量
成熟干籽粒中，丙氨酸所占干籽粒质量的百分比。以%表示。

6.12 胱氨酸含量
成熟干籽粒中，胱氨酸所占干籽粒质量的百分比。以%表示。

6.13 缬氨酸含量
成熟干籽粒中，缬氨酸所占干籽粒质量的百分比。以%表示。

6.14 蛋氨酸含量
成熟干籽粒中，蛋氨酸所占干籽粒质量的百分比。以%表示。

6.15 异亮氨酸含量
成熟干籽粒中，异亮氨酸所占干籽粒质量的百分比。以%表示。

6.16 亮氨酸含量
成熟干籽粒中，亮氨酸所占干籽粒质量的百分比。以%表示。

6.17 酪氨酸含量

成熟干籽粒中,酪氨酸所占干籽粒质量的百分比。以%表示。

6.18 苯丙氨酸含量

成熟干籽粒中,苯丙氨酸所占干籽粒质量的百分比。以%表示。

6.19 赖氨酸含量

成熟干籽粒中,赖氨酸所占干籽粒质量的百分比。以%表示。

6.20 组氨酸含量

成熟干籽粒中,组氨酸所占干籽粒质量的百分比。以%表示。

6.21 精氨酸含量

成熟干籽粒中,精氨酸所占干籽粒质量的百分比。以%表示。

6.22 脯氨酸含量

成熟干籽粒中,脯氨酸所占干籽粒质量的百分比。以%表示。

6.23 色氨酸含量

成熟干籽粒中,色氨酸所占干籽粒质量的百分比。以%表示。

6.24 出芽率

每单位重量干籽粒与所生产豆芽重量的比例。

6.25 芽菜风味

豆芽的口感。

     1   好
     2   中
     3   差

6.26 出沙率

籽粒中豆沙所占的百分比。以%表示。

6.27 豆沙风味

豆沙的口感。

     1   好
     2   中
     3   差

7 抗逆性

7.1 芽期耐旱性

种子萌发阶段忍耐或抵抗水分胁迫的能力。

     1   高耐(HT)
     3   耐(T)

5 　中耐（MT）

7 　弱耐（S）

9 　不耐（HS）

7.2 成株期耐旱性

植株忍耐或抵抗水分胁迫的能力。

1 　高耐（HT）

3 　耐（T）

5 　中耐（MT）

7 　弱耐（S）

9 　不耐（HS）

7.3 芽期耐盐性

种子萌发阶段忍耐或抵抗盐分胁迫的能力。

1 　高耐（HT）

3 　耐（T）

5 　中耐（MT）

7 　弱耐（S）

9 　不耐（HS）

7.4 苗期耐盐性

幼苗忍耐或抵抗盐分胁迫的能力。

1 　高耐（HT）

3 　耐（T）

5 　中耐（MT）

7 　弱耐（S）

9 　不耐（HS）

7.5 苗期耐寒性

幼苗忍耐或抵抗低温的能力。

1 　高耐（HT）

3 　耐（T）

5 　中耐（MT）

7 　弱耐（S）

9 　不耐（HS）

7.6 耐涝性

植株忍耐或抵抗多湿水涝的能力。

1 　强

2 　中

3　　弱

7.7　抗倒伏性

花荚期植株抗倒伏的能力。

1　　强
2　　中
3　　弱

8　抗病虫性

8.1　尾孢菌叶斑病抗性

植株对尾孢菌叶斑病（*Cercospora canescens* Ell. et Mart.）的抵抗能力。

1　　高抗（HR）
3　　抗（R）
5　　中抗（MR）
7　　感（S）
9　　高感（HS）

8.2　锈病抗性

植株对锈病［*Uromyces appendiculatus*（Pers.：Pers.）Unger］的抵抗能力。

1　　高抗（HR）
3　　抗（R）
5　　中抗（MR）
7　　感（S）
9　　高感（HS）

8.3　白粉病抗性

植株对白粉病（*Erysiphe polygony* DC）的抵抗能力。

1　　高抗（HR）
3　　抗（R）
5　　中抗（MR）
7　　感（S）
9　　高感（HS）

8.4　丝核菌根腐病抗性

植株对丝核菌根腐病（*Rhizoctonia solani* Kühn）的抵抗能力。

1　　高抗（HR）
3　　抗（R）
5　　中抗（MR）

　　7　感（S）

　　9　高感（HS）

8.5　镰刀菌根腐病抗性

植株对镰刀菌根腐病〔*Fusarium solani* f. sp. *phaseoli*（Burk.）Snyder et Hansen〕的抵抗能力。

　　1　高抗（HR）

　　3　抗（R）

　　5　中抗（MR）

　　7　感（S）

　　9　高感（HS）

8.6　镰刀菌枯萎病抗性

植株对镰刀菌枯萎病（*Fusarium oxysporium* Schlechtend.：Fr. f. sp. *adzukicola* Kitazawa et Yanagita）的抵抗能力。

　　1　高抗（HR）

　　3　抗（R）

　　5　中抗（MR）

　　7　感（S）

　　9　高感（HS）

8.7　花叶病毒病抗性

植株对花叶病毒病〔*Common bean mosaic virus*（BCMV）〕的抵抗能力。

　　1　高抗（HR）

　　3　抗（R）

　　5　中抗（MR）

　　7　感（S）

　　9　高感（HS）

8.8　蚜虫抗性

植株对蚜虫（*Aphds craccivora* Koch）危害的抵抗能力。

　　1　高抗（HR）

　　3　抗（R）

　　5　中抗（MR）

　　7　感（S）

　　9　高感（HS）

8.9　红蜘蛛抗性

植株对红蜘蛛〔*Tetranychus cinnabarinus*（Boisduval）〕危害的抵抗能力。

　　1　高抗（HR）

    3   抗（R）

    5   中抗（MR）

    7   感（S）

    9   高感（HS）

8.10　豆象抗性

对豆象 [*Callosobruchus chinensis*（Linnaeus）] 危害籽粒的抵抗能力。

    1   高抗（HR）

    3   抗（R）

    5   中抗（MR）

    7   感（S）

    9   高感（HS）

9　其他特征特性

9.1　核型

表示染色体的数目、大小、形态和结构特征的公式。

9.2　指纹图谱与分子标记

黑吉豆种质指纹图谱和重要性状的分子标记类型及其特征参数。

9.3　备注

黑吉豆种质特殊描述符或特殊代码的具体说明。

四　黑吉豆种质资源数据标准

序号	代号	描述符	字段名	字段英文名	字段类型	字段长度	字段小数位	单位	代码	代码英文名	例子
1	101	全国统一编号	统一编号	Accession number	C	8					C0000001
2	102	种质库编号	库编号	Genebank number	C	8					I2E00001
3	103	引种号	引种号	Introduction number	C	8					1995 引 D0038
4	104	采集号	采集号	Collecting number	C	10					2004 采 D0095
5	105	种质名称	种质名称	Accession name	C	30					广西黑吉豆
6	106	种质外文名	种质外文名	Alien name	C	40					Guangxiheijidou
7	107	科名	科名	Family	C	30					Leguminosae（豆科）
8	108	属名	属名	Genus	C	40					Vigna（豇豆属）
9	109	学名	学名	Species	C	50					Vigna mungo（L.）Hepper（黑吉豆）

（续表）

序号	代号	描述符	字段名	字段英文名	字段类型	字段长度	字段小数位	单位	代码	代码英文名	例子
10	110	原产国	原产国	Country of origin	C	16					中国
11	111	原产省	原产省	Province of origin	C	6					广西壮族自治区
12	112	原产地	原产地	Origin	C	20					南宁市
13	113	海拔	海拔	Altitude	N	5	0	m			1122
14	114	经度	经度	Longitude	N	6	0				11055
15	115	纬度	纬度	Latitude	N	5	0				2332
16	116	来源地	来源地	Sample source	C	24					中国
17	117	保存单位	保存单位	Donor institute	C	40					中国农业科学院作物科学研究所
18	118	保存单位编号	单位编号	Donor accessionn umber	C	10					D0352
19	119	系谱	系谱	Pedigree	C	70					农家种
20	120	选育单位	选育单位	Breeding institute	C	40					中国农业科学院作物科学研究所

（续表）

序号	代号	描述符	字段名	字段英文名	字段类型	字段长度	字段小数位	单位	代码	代码英文名	例子
21	121	育成年份	育成年份	Releasingyear	N	4					2004
22	122	选育方法	选育方法	Breeding method	C	20					系选
23	123	种质类型	种质类型	Biological status of accession	C	12			1：野生资源 2：地方品种 3：选育品种 4：品系 5：遗传材料 6：其他	1: Wild 2: Traditional cultivar /Landrace 3: Advanced/im proved cultivar 4: Breeding line 5: Genetic stocks 6: Other	地方品种
24	124	图像	图像	Image file name	C	30					C0000001.jpg
25	125	观测地点	观测地点	Observation location	C	16					广西壮族自治区南宁市
26	126	观测年份	观测年份	Observation year	D	4					2005
27	201	播种期	播种期	Sowing date	D	8					20050715
28	202	出苗期	出苗期	Germinating date	D	8					20050720
29	203	三叶期	三叶期	Third-leaf date	D	8					20050815

（续表）

序号	代号	描述符	字段名	字段英文名	字段类型	字段长度	字段小数位	单位	代码	代码英文名	例子
30	204	分枝期	分枝期	Branching date	D	8					20050825
31	205	始花期	始花期	First flower date	D	8					20050830
32	206	开花期	开花期	Flowering date	D	8					20050903
33	207	始熟期	始熟期	Initial maturity date	D	8					20050923
34	208	成熟期	成熟期	Maturity date	D	8					20050930
35	209	收获期	收获期	Harvesting date	D	8					20051005
36	210	全生育日数	全生育期日数	Growth period	N	4	1	D			90.5
37	211	熟性	熟性	Maturity	C	4			1：早 2：中 3：晚	1：Early 2：Intermediate 3：Late	早
38	212	出土子叶色	出土子叶色	Cotyledon color at emergence	C	4			1：绿色 2：紫色	1：Green 2：purple	紫色
39	213	幼茎色	幼茎色	Epicotyl color	C	4			1：绿色 2：紫色	1：Green 2：purple	绿色
40	214	对生单叶叶色	单叶叶色	Simple leaf color	C	4			1：浅绿色 2：绿色 3：深绿色	1：Clear green 2：Green 3：Dark green	绿色

（续表）

序号	代号	描述符	字段名	字段英文名	字段类型	字段长度	字段小数位	单位	代码	代码英文名	例子
41	215	对生单叶叶形	单叶形	Simple leaf shape	C	8			1：披针形 2：长卵形	1：Wrap around shaped 2：Long Ovate	披针形
42	216	复叶叶色	复叶叶色	Leaf color	C	4			1：浅绿色 2：绿色 3：深绿色	1：Clear green 2：Green 3：Dark green	绿色
43	217	小叶叶形	小叶叶形	Leaflet shape	C	8			1：三角形 2：卵圆形 3：菱形 4：倒卵形	1：Triangle 2：Ovate 3：Rhombic 4：Obovate	卵圆形
44	218	叶片茸毛密度	叶片茸毛密度	Density of leaf pubescence	C	4			0：无 1：稀 2：密	0：Absent 1：Sparse 2：Dense	无
45	219	小叶叶缘	小叶叶缘	Leaflet margin	C	6			1：全缘 2：浅裂	1：Entire 2：Lobed	全缘
46	220	叶片尖端形状	叶片尖端形状	Leaf apex shape	C	4			1：锐 2：钝	1：Acute 2：Blunt	尖
47	221	叶片长	叶片长	Leaflet length	N	4	1	cm			18.0
48	222	叶片宽	叶片宽	Leaflet width	N	4	1	cm			13.2
49	223	叶片大小	叶片大小	Leaflet size	C	2			1：小 2：中 3：大	1：Small 2：Middle 3：Large	中
50	224	叶柄色	叶柄色	Petiole color	C	4			1：绿色 2：紫色	1：Green 2：Purple	绿色

（续表）

序号	代号	描述符	字段名	字段英文名	字段类型	字段长度	字段小数位	单位	代码	代码英文名	例子
51	225	叶柄茸毛密度	叶柄茸毛密度	Density of petiole pubescence	C	2			0: 无 1: 稀 2: 密	0: Absent 1: Sparse 2: Dense	无
52	226	叶柄长	叶柄长	Petiole length	N	4	1	cm			7.0
53	227	叶柄粗	叶柄粗	Petiole diameter	N	3	1	cm			0.2
54	228	叶脉色	叶脉色	Vein color	C	4			1: 绿色 2: 紫色	1: Green 2: Purple	绿色
55	229	小叶基部色	小叶基部色	Leaf base color	C	4			1: 绿色 2: 紫色	1: Green 2: Purple	绿色
56	230	第一花梗节位	首花梗节位	The node of the first peduncle	N	2	0	节			7
57	231	花蕾色	花蕾色	Bud color	C	4			1: 绿色 2: 绿紫	1: Green Green with purple	绿色
58	232	花色	花色	Flower color	C	4			1: 浅黄色 2: 黄色 3: 黄带紫色	1: Light yellowish 2: Yellowish 3: Yellowish with purple	黄色
59	233	主茎色	主茎色	Main stem color	C	4			1: 绿色 2: 绿紫色 3: 紫色	1: Green 2: Green with purple 3: Purple	绿色
60	234	主茎茸毛密度	主茎茸毛密度	Pubescence density of main stem	C	4			0: 无 1: 稀 2: 密	0: Absent 1: Sparse 2: Dense	无

（续表）

序号	代号	描述符	字段名	字段英文名	字段类型	字段长度	字段小数位	单位	代码	代码英文名	例子
61	235	主茎茸毛颜色	主茎茸毛颜色	Pubescence color of main stem	C	4			1：灰色 2：红褐色	1：Grey 2：Rad brown	灰色
62	236	第一分枝节位	分枝首节位	The node of the first branch	N	2	0	节			4
63	237	主茎分枝数	主茎分枝数	Number of branches	N	3	1	个			5.2
64	238	分枝级数	分枝级数	Branching series	N	1	0	级			2
65	239	分枝性	分枝性	Branching	C	4			1：强 2：中 3：弱	1：Strong 2：Intermediate 3：Weak	中
66	240	株高	株高	Plant height	N	5	1	cm			70.3
67	241	主茎粗	主茎粗	Main stem diameter	N	3	1	cm			0.8
68	242	主茎节数	主茎节数	Node number of main stem	N	2	0	节			11.5
69	243	生长习性	生长习性	Growth habit	C	6			1：直立 2：半蔓生 3：蔓生	1：Erect 2：Semi erect 3：Prostrate	直立
70	244	结荚习性	结荚习性	Podding habit	C	6			1：有限 2：无限	1：Determinate 2：Indeterminate	有限
71	245	幼荚色	幼荚色	Young pod color	C	4			1：绿色 2：绿带紫色	1：Green 2：Green with purple	绿色

（续表）

序号	代号	描述符	字段名	字段英文名	字段类型	字段长度	字段小数位	单位	代码	代码英文名	例子
72	246	成熟荚色	成熟荚色	Mature pod color	C	4			1：浅褐色 2：褐色 3：黑色	1：Straw 2：Brown 3：Black	黄白色
73	247	荚形	荚形	Pod shape	C	6			1：圆筒形 2：扁筒形	1：Cylinder 2：Flat cylinder	直筒形
74	248	荚茸毛密度	荚茸毛密度	Density of pod pubescence	C	2			0：无 1：稀 2：密	0：Absent 1：Sparse 2：Dense	稀
75	249	荚茸毛颜色	荚茸毛颜色	Color of pod pubescence	C	2			1：灰色 2：红褐色	1：Grey 2：Rad brown	灰色
76	250	裂荚性	裂荚性	Shattering	C	2			0：不裂 1：裂	0：Non shattering 1：Shattering	弱
77	251	单株荚数	单株荚数	Number of pods per plant	N	5	1	个			15
78	252	荚长	荚长	Pod length	N	4	1	cm			6.1
79	253	荚宽	荚宽	Pod width	N	4	2	cm			0.56
80	254	单荚粒数	单荚粒数	Number of seeds per pod	N	4	1	粒			7.5
81	255	粒色	粒色	Seed coat color	C	4			1：绿色 2：灰色 3：褐色 4：黑色 5：花斑点	1：Green 2：Grey 3：Brown 4：Black 5：Mottled	绿色

（续表）

序号	代号	描述符	字段名	字段英文名	字段类型	字段长度	字段小数位	单位	代码	代码英文名	例子
82	256	粒形	粒形	Seed shape	C	6			1：短圆柱形 2：长圆柱形 3：球形	1：Short columned 2：Long columned 3：Spherical	短圆柱形
83	257	种皮光泽	种皮光泽	Seed testa	C	4			1：光 2：毛	1：Glossy 2：Dull	毛
84	258	粒长	粒长	Seed length	N	4	1	cm			0.5
85	259	粒宽	粒宽	Seed width	N	4	2	cm			0.4
86	260	百粒重	百粒重	100 seed weight	N	5	2	g			4.55
87	261	籽粒大小	籽粒大小	Seed size	C	4			1：小 2：中 3：大 4：特大	1：Small 2：Intermediate 3：Large 4：Extra large	中
88	262	籽粒均匀度	籽粒均匀度	Seed uniformity	C	6			1：均匀 2：中等 3：不均匀	1：Uniform 2：Medium 3：Non uniform	中等
89	263	硬实率	硬实率	Percentage of hard seed	N	5	2	%			9.8
90	264	单株产量	单株产量	Yield per plant	N	5	1	g			12.0
91	265	粗蛋白含量	粗蛋白质	Crude protein content	N	5	2	%			25.55

（续表）

序号	代号	描述符	字段名	字段英文名	字段类型	字段长度	字段小数位	单位	代码	代码英文名	例子
92	301	粗脂肪含量	粗脂肪	Crude fat content	N	4	2	%			0.93
93	302	总淀粉含量	总淀粉	Crude starch content	N	5	2	%			51.6
94	303	直链淀粉含量	直链淀粉	Amylose content	N	5	2	%			11.10
95	304	支链淀粉含量	支链淀粉	Amylopectin content	N	5	2	%			40.50
96	305	天门冬氨酸含量	天门冬氨酸	Aspartic acid content	N	4	2	%			3.24
97	306	苏氨酸含量	苏氨酸	Threonine content	N	4	2	%			0.89
98	307	丝氨酸含量	丝氨酸	Serine content	N	4	2	%			1.30
99	308	谷氨酸含量	谷氨酸	Glutelin content	N	4	2	%			4.74
100	309	甘氨酸含量	甘氨酸	Glycin content	N	4	2	%			1.12
101	310	丙氨酸含量	丙氨酸	Alanine content	N	4	2	%			1.15
102	311	胱氨酸含量	胱氨酸	Cystine content	N	4	2	%			
103	312	缬氨酸含量	缬氨酸	Valine content	N	4	2	%			1.48

（续表）

序号	代号	描述符	字段名	字段英文名	字段类型	字段长度	字段小数位	单位	代码	代码英文名	例子
104	313	蛋氨酸含量	蛋氨酸	Methionine content	N	4	2	%			0.41
105	314	异亮氨酸含量	异亮氨酸	Isoleucine content	N	4	2	%			1.22
106	315	亮氨酸含量	亮氨酸	Leucine content	N	4	2	%			2.22
107	316	酪氨酸含量	酪氨酸	Tyrosine content	N	4	2	%			0.74
108	317	苯丙氨酸含量	苯丙氨酸	Phenylalanine content	N	4	2	%			1.53
109	318	赖氨酸含量	赖氨酸	Lysine content	N	4	2	%			1.84
110	319	组氨酸含量	组氨酸	Histidine content	N	4	2	%			0.77
111	320	精氨酸含量	精氨酸	Arginie content	N	4	2	%			1.76
112	321	脯氨酸含量	脯氨酸	Proline content	N	4	2	%			1.10
113	322	色氨酸含量	色氨酸	Tryptophan content	N	4	2	%			
114	323	豆芽生产力	豆芽生产力	Productivity of sprouts	C	4	1	倍			8

（续表）

序号	代号	描述符	字段名	字段英文名	字段类型	字段长度	字段小数位	单位	代码	代码英文名	例子
115	324	芽菜风味	豆芽风味	Sprout flavor	C	4			1：好 2：中 3：差	1: Good 2: Intermediate 3: Fair	好
116	325	出沙率	出沙率	Percentage of paste	N	4	1	%			73.0%
117	326	豆沙风味	豆沙风味	Paste flavor	C	4			1：好 2：中 3：差	1: Good 2: Intermediate 3: Fair	中
118	327	芽期耐旱性	芽期耐旱	Drought tolerance at germination	C	4			1：高耐（HT） 2：耐（T） 3：中耐（MT） 4：弱耐（S） 5：不耐（HS）	1: Highly tolerant 2: Tolerant 3: Moderately tolerant 4: Susceptible 5: Highly susceptible	耐
119	401	成株期耐旱性	成株期耐旱	Drought tolerance at adult plant	C	4			1：高耐（HT） 2：耐（T） 3：中耐（MT） 4：弱耐（S） 5：不耐（HS）	1: Highly tolerant 2: Tolerant 3: Moderately tolerant 4: Susceptible 5: Highly susceptible	耐
120	402	芽期耐盐性	芽期耐盐	Salt tolerance at germination	C	4			1：高耐（HT） 2：耐（T） 3：中耐（MT） 4：弱耐（S） 5：不耐（HS）	1: Highly tolerant 2: Tolerant 3: Moderately tolerant 4: Susceptible 5: Highly susceptible	耐

（续表）

序号	代号	描述符	字段名	字段英文名	字段类型	字段长度	字段小数位	单位	代码	代码英文	例子
121	403	苗期耐盐性	苗期耐盐	Salt tolerance at seedling stage	C	4			1：高耐（HT） 2：耐（T） 3：中耐（MT） 4：弱耐（S） 5：不耐（HS）	1：Highly tolerant 2：Tolerant 3：Moderately tolerant 4：Susceptible 5：Highly susceptible	耐
122	404	苗期耐寒性	苗期耐寒	Cold tolerance at seedling stage	C	4			1：高耐（HT） 2：耐（T） 3：中耐（MT） 4：弱耐（S） 5：不耐（HS）	1：Highly tolerant 2：Tolerant 3：Moderately tolerant 4：Susceptible 5：Highly susceptible	耐
123	405	耐涝性	耐涝	Waterlogging tolerance	C	2			1：强 2：中 3：弱	1：Strong 2：Intermediate 3：Weak	中
124	406	抗倒伏性	抗倒伏	Lodging resistance	C	2			1：强 2：中 3：弱	1：Strong 2：Intermediate 3：Weak	中
125	407	尾孢菌叶斑病抗性	尾孢菌叶斑病	Resistance to Cercospora leaf spot	C	4			1：高抗（HR） 3：抗（R） 5：中抗（MR） 7：感（S） 9：高感（HS）	1：Highly resistant 3：Resistant 5：Moderately resistant 7：Susceptible 9：Highly susceptible	抗
126	501	锈病抗性	锈病	Resistance to rust	C	4			1：高抗（HR） 3：抗（R） 5：中抗（MR） 7：感（S） 9：高感（HS）	1：Highly resistant 3：Resistant 5：Moderately resistant 7：Susceptible 9：Highly susceptible	抗

（续表）

序号	代号	描述符	字段名	字段英文名	字段类型	字段长度	字段小数位	单位	代码	代码英文名	例子
127	502	白粉病抗性	白粉病	Resistance to powdery mildew	C	4			1: 高抗 (HR) 3: 抗 (R) 5: 中抗 (MR) 7: 感 (S) 9: 高感 (HS)	1: Highly resistant 3: Resistant 5: Moderately resistant 7: Susceptible 9: Highly susceptible	抗
128	503	丝核菌根腐病抗性	丝核菌根腐病	Resistance to Rhizoctonia root rot	C	4			1: 高抗 (HR) 3: 抗 (R) 5: 中抗 (MR) 7: 感 (S) 9: 高感 (HS)	1: Highly resistant 3: Resistant 5: Moderately resistant 7: Susceptible 9: Highly susceptible	抗
129	504	镰刀菌根腐病抗性	镰刀菌根腐病	Resistance to Fusarium root rot	C	4			1: 高抗 (HR) 3: 抗 (R) 5: 中抗 (MR) 7: 感 (S) 9: 高感 (HS)	1: Highly resistant 3: Resistant 5: Moderately resistant 7: Susceptible 9: Highly susceptible	抗
130	505	镰刀菌枯萎病抗性	镰刀菌枯萎病	Resistance to Fusarium wilt	C	4			1: 高抗 (HR) 3: 抗 (R) 5: 中抗 (MR) 7: 感 (S) 9: 高感 (HS)	1: Highly resistant 3: Resistant 5: Moderately resistant 7: Susceptible 9: Highly susceptible	抗
131	506	花叶病毒病抗性	花叶病毒病	Resistance to Adzuki mosaic	C	4			1: 高抗 (HR) 3: 抗 (R) 5: 中抗 (MR) 7: 感 (S) 9: 高感 (HS)	1: Highly resistant 3: Resistant 5: Moderately resistant 7: Susceptible 9: Highly susceptible	抗

（续表）

序号	代号	描述符	字段名	字段英文名	字段类型	字段长度	字段小数位	单位	代码	代码英文名	例子
132	507	蚜虫抗性	蚜害病	Resistance to aphid	C	4			1：高抗（HR） 3：抗（R） 5：中抗（MR） 7：感（S） 9：高感（HS）	1: Highly resistant 3: Resistant 5: Moderately resistant 7: Susceptible 9: Highly susceptible	抗
133	508	红蜘蛛抗性	红蜘蛛	Resistance to Carmine miner	C	4			1：高抗（HR） 3：抗（R） 5：中抗（MR） 7：感（S） 9：高感（HS）	1: Highly resistant 3: Resistant 5: Moderately resistant 7: Susceptible 9: Highly susceptible	抗
134	509	豆象抗性	豆象	Resistance to bruchid	C	4			1：高抗（HR） 3：抗（R） 5：中抗（MR） 7：感（S） 9：高感（HS）	1: Highly resistant 3: Resistant 5: Moderately resistant 7: Susceptible 9: Highly susceptible	抗
135	510	核型	核型	Karyotype	C	20					$2n = 2x = 22$
136	601	指纹图谱与分子标记	分子标记	Fingerprinting and molecular marker	C	40					SSR
137	602	备注	备注	Remarks	C	30					

五 黑吉豆种质资源数据质量控制规范

1 范围

本规范规定了黑吉豆种质资源数据采集过程中的质量控制内容和方法。

本规范适用于黑吉豆种质资源的整理、整合和共享。

2 规范性引用文件

下列文件中的条款通过本规范的引用而成为本规范的条款。凡是注日期的引用文件，其随后所有的修改单（不包括勘误的内容）或修订版均不适用于本规范，然而，鼓励根据本规范达成协议的各方研究是否可使用这些文件的最新版本。凡是不注日期的引用文件，其最新版本适用于本规范。

ISO 3166　Codes for the Representation of Names of Countries

GB/T 2659　世界各国和地区名称代码

GB/T 2260　中华人民共和国行政区划代码

GB/T 12404　单位隶属关系代码

GB 2905　谷物、豆类作物种子粗蛋白质测定法（半微量凯氏法）

GB2906　谷类、豆类作物种子粗脂肪测定法

GB 3523　谷物、油料作物种子水分测定法

GB/T 3543 农作物种子检验规程

GB 4404-3　粮食作物种子　赤豆　绿豆

GB5006　谷物籽粒粗淀粉测定法（改进的盐酸水解－旋光法）

GB/T 5490　粮食、油料及植物油脂检验　一般规则

GB5511　粮食、油料检验　粗蛋白质测定法

GB5512　粮食、油料检验　粗脂肪测定法

GB/T 5514　粮食、油料检验　淀粉测定法

GB 5519　粮食、油料检验　千粒重检测法

GB 7648 水稻、玉米、谷子籽粒直链淀粉测定法

GB 7649　谷物籽粒氨基酸测定的前处理方法

GB 7650　谷物籽粒色氨酸测定法

GB/T5683　稻米直链淀粉含量的测定

GB 10461　小豆

GB 10462　绿豆

GB 10220　感官分析方法总论

GB 12316　感官分析方法总论"A"－非"A"检验

GB/T15666　豆类试验方法

3　数据质量控制的基本方法

3.1　形态特征和生物学特性观测试验设计

3.1.1　试验地点

试验地点的环境条件应能够满足黑吉豆植株的正常生长及其性状的正常表达。

3.1.2　田间设计

按照统一的田间设计和记载标准，对黑吉豆种质的植物学特征和生物学特性进行田间调查、考种，获得基本数据。

华北地区，一般春播 5 月中旬，夏播 6 月上旬至中旬。其他地区按当地生产习惯适期播种。农艺性状鉴定采取生态区和种质类型相结合的方法，分区种植。种质鉴定圃顺序排列，不设重复；优异种质及品种试验采用完全随机区组设计，3 次重复，以当地优良品种作对照。2～4 行区，行长 5m，行距 50cm，株距 12～15cm，每行留苗 40 株左右。

形态特征和生物学特性观测试验应设置对照品种，试验地周围应设保护行或保护区。

3.1.3　栽培环境条件控制

黑吉豆播种试验地土质应具有当地代表性，前茬一致、不重茬、不积水，肥力中等、均匀。试验田要远离污染、无人畜侵扰、附近无高大建筑物。播种时土地平整，墒情充足。试验地的栽培管理与大田生产基本一致，采用相同水肥管理，出苗后及时除草、间苗定苗、去杂、培土、防病治虫，适时施肥、灌水、排涝、收获考种。

3.2　数据采集

形态特征和生物学特性观测试验原始数据的采集应在种质正常生长情况下获得。如遇自然灾害等因素严重影响植株正常生长，应重新进行观测试验和数据采集。

3.3 试验数据统计分析和校验

每份种质的形态特征和生物学特性观测数据依据对照品种进行校验。根据每年 2~3 次重复、2 年度的观测校验值，计算每份种质性状的平均值、变异系数和标准差，并进行方差分析，判断试验结果的稳定性和可靠性。取校验值的平均值作为该种质的性状值。

4 基本信息

4.1 全国统一编号

全国统一编号是由"C"加 7 位顺序号组成的 8 位字符串，如"C0000002"。其中"C"代表黑吉豆，后 7 位为顺序码，从"0000001"到"9999999"，代表每份黑吉豆种质的编号。全国统一编号具有惟一性。

4.2 种质库编号

种质库编号是由"I2E"加 5 位顺序号组成的 8 位字符串，如"I2E00637"。其中"I2E"代表黑吉豆，后 5 位为顺序码，从"00001"到"99999"，代表每份黑吉豆种质的编号。只有已进入国家农作物种质资源长期库保存的种质才有种质库编号。每份种质具有惟一的种质库编号。

4.3 引种号

引种号是由 年份加"引 D"加 4 位顺序号组成的 10 位字符串，如"1994 引 D0026"，前 4 位表示种质从境外引进年份，"引 D"表示自国外引进的黑吉豆种质，后 4 位为顺序号，从"0001"到"9999"。每份引进种质具有唯一的引种号。

4.4 采集号

黑吉豆种质在野外采集时赋予的编号，一般由年份加"采 D"加 4 位顺序号组成，如"2002 采 D0016"。前 4 位表示种质采集的年份，"采 D"表示自国内考察收集的黑吉豆种质，后 4 位为顺序号，从"0001"到"9999"。

4.5 种质名称

国内种质的原始名称和国外引进种质的中文译名，如果有多个名称，可以放在英文括号内，用英文逗号分隔，如"种质名称 1（种质名称 2，种质名称 3）"；国外引进种质如果没有中文译名，可以直接填写种质的外文名。

4.6 种质外文名

国外引进种质的外文名和国内种质的汉语拼音名。每个汉字的汉语拼音之间空一格，每个汉字汉语拼音的首字母大写，如" Ji Lv No. 2"。国外引进种质的外文名应注意大小写和空格。

4.7　科名

科名由拉丁名加英文括号内的中文名组成，如"Leguminosae（豆科）"。如没有中文名，直接填写拉丁名。

4.8　属名

属名由拉丁名加英文括号内的中文名组成，如"*Vigna*（豇豆属）"。如没有中文名，直接填写拉丁名。

4.9　学名

学名由拉丁名加英文括号内的中文名组成，如"*Vigna mungo*（L.）Hepper（黑吉豆）"。如没有中文名，直接填写拉丁名，如"*Vigna mungo* var. *mungo*"和"*Vigna mungo* var. *silvertris* Lukoki, Maréchal & Otoul"。

4.10　原产国

黑吉豆种质原产国家名称、地区名称或国际组织名称。国家和地区名称参照 ISO 3166 和 GB/T 2659。如该国家已不存在，应在原国家名称前加"原"，如"原苏联"。国际组织名称用该组织的外文名缩写，如"IPGRI"。

4.11　原产省

国内黑吉豆种质原产省份名称，省份名称按照 GB/T 2260；国外引进种质原产省用原产国家一级行政区的名称。

4.12　原产地

国内黑吉豆种质的原产县、乡、村名称。县名按照 GB/T 2260。

4.13　海拔

黑吉豆种质原产地的海拔高度。单位为 m。

4.14　经度

黑吉豆种质原产地的经度，单位为度和分。格式为 DDDFF，其中，DDD 为度，FF 为分。东经为正值，西经为负值，例如，"12125"代表东经121°25′，"−10209"代表西经102°9′。

4.15　纬度

黑吉豆种质原产地的纬度，单位为度和分。格式为 DDFF，其中，DD 为度，FF 为分。北纬为正值，南纬为负值，例如，"3208"代表北纬32°8′，"−2542"代表南纬25°42′。

4.16　来源地

国内黑吉豆种质的来源省、县名称，国外引进种质的来源国家、地区名称或国际组织名称。国家、地区和国际组织名称同 4.10，省和县名称参照 GB/T 2260。

4.17　保存单位

黑吉豆种质提交国家种质资源长期库前的原保存单位名称。单位名称应写全称，例如，"中国农业科学院作物科学研究所"。

4.18 保存单位编号

黑吉豆种质原保存单位赋予的种质编号。例如，"D0352"。保存单位编号在同一保存单位应具有唯一性。

4.19 系谱

黑吉豆选育品种（系）的亲缘关系。例如，"U-Thong 2"的系谱为"CPI288603 B"。

4.20 选育单位

选育黑吉豆品种（系）的单位名称或个人。单位名称应写全称，例如，"中国农业科学院作物科学研究所"。

4.21 育成年份

黑吉豆品种（系）培育成功的年份。例如，"1996"、"2003"等。

4.22 选育方法

黑吉豆品种（系）的育种方法。例如，"系选"、"杂交"、"辐射"等。

4.23 种质类型

保存的黑吉豆种质的类型，分为：

      1   野生资源

      2   地方品种

      3   选育品种

      4   品系

      5   遗传材料

      6   其他

4.24 图像

黑吉豆种质的图像文件名，图像格式为.jpg。图像文件名由统一编号加"-"加序号加".jpg"组成。如有两个以上图像文件，图像文件名用英文分号分隔，如"C0000305-1.jpg；C0000305-2.jpg"。图像对象主要包括植株、花、果实、特异性状等。图像要清晰，对象要突出。

4.25 观测地点

黑吉豆种质形态特征和生物学特性观测地点的名称，记录到省和县名，如"北京市昌平区"。

4.26 观测年份

黑吉豆种质形态特征和生物学特性观测的年份。如"2003"。

5　形态特征和生物学特性

5.1　播种期

种子播种的日期。表示方法为"年月日"，格式"YYYYMMDD"。如"20030618"，表示 2003 年 6 月 18 日播种。

5.2　出苗期

以试验小区内全部植株为调查对象，记载 50% 的植株第一对真叶展开时的日期。表示方法和格式同 5.1。

5.3　三叶期

试验小区内 50% 的植株长出第三片三出复叶的日期。表示方法和格式同 5.1。

5.4　分枝期

试验小区内 50% 的植株长出分枝的日期。表示方法和格式同 5.1。

5.5　始花期

试验小区内植株出现第一朵花时的日期。表示方法和格式同 5.1。

5.6　开花期

试验小区内 50% 的植株见花时的日期。表示方法和格式同 5.1。

5.7　始熟期

试验小区内 50% 以上的荚果成熟时的日期。表示方法和格式同 5.1。

5.8　成熟期

试验小区内 70% 以上的荚果变成熟色的日期。表示方法和格式同 5.1。

5.9　收获期

以整个试验小区全部植株为调查对象，记录每次收获产品时的日期。表示方法和格式同 5.1。

5.10　全生育日数

以整个试验小区全部植株为调查对象，记录自播种第二天至成熟的天数。以 d 表示。

5.11　熟性

以全生育日数为参数，按照下列标准，确定种质的熟性类别。

　　　　1　早（<90d）

　　　　2　中（90~110d）

　　　　3　晚（>110d）

5.12　出土子叶色

出苗期，以试验小区的植株为观测对象，在正常光照条件下，采用目测法观察幼苗子叶表面的颜色。

根据观察结果，按照最大相似原则，确定种质的子叶色。

    1   绿色

    2   紫色

5.13 幼茎色

出苗期，以试验小区的植株为观测对象，在正常光照条件下，采用目测法观察植株幼茎表面的颜色。

根据观察结果，按照最大相似原则，确定种质的幼茎色。

    1   绿色

    2   紫色

5.14 对生单叶叶色

第一片真叶展开时，以试验小区的植株为观测对象，在正常光照条件下，采用目测法观察幼苗对生真叶的颜色。

根据观察结果，按照最大相似原则，确定种质的单叶色。

    1   浅绿色

    2   绿色

    3   深绿色

5.15 对生单叶叶形

第一片真叶展开时，以试验小区的植株为观测对象，在正常光照条件下，采用目测法观察幼苗对生真叶的形状。

根据观察结果，按照最大相似原则，确定种质的单叶形状。

    1   披针形

    2   长卵形

5.16 复叶叶色

开花期，以试验小区的植株为观测对象，在正常光照条件下，采用目测法观察主茎中部三出复叶中间小叶完全展开的叶片正面的颜色。

根据观察结果，按照最大相似原则，确定种质的复叶色。

    1   浅绿色

    2   绿色

    3   深绿色

5.17 小叶叶形

开花期，以试验小区的植株为观测对象，采用目测法观察主茎中部三出复叶中间小叶完全展开的叶片形状。

根据观察结果，按照最大相似原则，确定种质的叶形。

    1   三角形

    2   卵圆形

　　3　　菱形

　　4　　倒卵圆形

上述没有列出的其他复叶形状，需要另外给予详细的描述和说明。

5.18　叶片茸毛密度

开花期，以试验小区的植株为观测对象，采用目测法观察主茎中部三出复叶完整叶片表面茸毛分布的疏密程度。

根据观察结果，按照最大相似原则，确定种质的叶片茸毛的密度。

　　0　　无

　　1　　稀

　　2　　密

5.19　小叶叶缘

开花期，以试验小区的植株为观测对象，采用目测法观察主茎中部完整叶片的叶缘状况，确定种质的叶缘类型。

　　1　　全缘

　　2　　浅裂

上述没有列出的其他小叶叶缘形状，需要另外给予详细的描述和说明。

5.20　叶片尖端形状

开花期，以试验小区的植株为观测对象，采用目测法观察主茎中部三出复叶中间小叶完整叶片的叶尖形状。

参照叶尖形状模式图，确定种质的叶尖形状。

　　1　　锐

　　2　　钝

5.21　叶片长

开花期，从每个试验小区随机抽样 10 株，测量每株主茎中部三出复叶中间小叶基部至叶先端的长度。单位为 cm，精确到 0.1 cm。

5.22　叶片宽

开花期，从每个试验小区随机抽样 10 株，测量每株主茎中部三出复叶中间小叶最宽处的宽度。单位为 cm，精确到 0.1 cm。

5.23　叶片大小

开花期，以试验小区的植株为观测对象，采用目测法观察主茎中部三出复叶中间小叶完整叶片的大小，分大、中、小三级记载。

较精确的测定方法是，根据 5.20 和 5.21 获得的叶长、叶宽，计算其叶面积，求出小叶的平均值，单位为 cm^2。

以叶面积为参数，确定种质的叶片大小。

5.24 叶柄色

开花期，以试验小区的植株为观测对象，采用目测法观察主茎中部三出复叶叶柄表面的颜色。

根据观察结果，按照最大相似原则，确定种质的叶柄颜色。

    1   绿色
    2   紫色

5.25 叶柄茸毛密度

开花期，从每个试验小区随机抽样 10 株，采用目测法观察主茎中部三出复叶叶柄表面茸毛分布的疏密程度。

根据观察结果，按照最大相似原则，确定种质的叶柄茸毛密度。

    0   无
    1   稀
    2   密

5.26 叶柄长

开花期，从每个试验小区随机抽样 10 株，测量每株主茎中部最大叶叶柄的长度。单位为 cm，精确到 0.1cm。

5.27 叶柄粗

开花期，从每个试验小区随机抽样 10 株，测量每株主茎中部最大叶叶柄最粗处横切面的宽度。单位为 cm，精确到 0.1cm。

5.28 叶脉色

开花期，以试验小区的植株为观测对象，采用目测法观察主茎中部三出复叶叶脉的颜色。

根据观察结果，按照最大相似原则，确定种质的叶脉颜色。

    1   绿色
    2   紫色

5.29 小叶基部色

开花期，以试验小区的植株为观测对象，采用目测法观察主茎中部三出复叶叶片基部的颜色。

根据观察结果，按照最大相似原则，确定种质的小叶基部颜色。

    1   绿色
    2   紫色

5.30 第一花梗节位

始花期，从每个试验小区随机抽样 10 株，调查每株主茎上第一花梗着生的节位。

5.31　花蕾色

开花期，以试验小区的植株为观测对象，在正常一致的光照条件下，采用目测法观察植株上花蕾苞叶和花萼的颜色。

根据观察结果，按照最大相似原则，确定种质的花色。

  1 绿色

  2 绿紫色

上述没有列出的其他花蕾色，需要另外给予详细的描述和说明。

5.32　花色

开花期，以试验小区的植株为观测对象，在正常一致的光照条件下，采用目测法观察植株上当天开花的花朵旗瓣和翼瓣的颜色。

根据观察结果，按照最大相似原则，确定种质的花蕾颜色。

  1 浅黄色

  2 黄色

  3 黄带紫色

上述没有列出的其他花色，需要另外给予详细的描述和说明。

5.33　主茎色

开花期，以试验小区的植株为观测对象，在正常一致的光照条件下，采用目测法观察植株主茎表面的颜色。

根据观察结果，按照最大相似原则，确定种质的主茎颜色。

  1 绿色

  2 绿紫色

  3 紫色

5.34　主茎茸毛密度

开花期，以试验小区的植株为观测对象，采用目测法观察主茎表面的茸毛疏密程度。

根据观察结果，按照最大相似原则，确定种质的叶片茸毛的密度。

  0 无

  1 稀

  2 密

5.35　主茎茸毛颜色

开花期，以试验小区的植株为观测对象，采用目测法观察主茎表面的茸毛颜色。

根据观察结果，按照最大相似原则，确定种质的主茎茸毛的颜色。

  1 灰色

  2 褐色

5.36 第一分枝节位

以 5.30 选取的样为观测对象，按分枝长度大于或等于 5cm、其上有两片真叶完全展开为标准，调查每株的第一个分枝的节位。

5.37 主茎分枝数

植株成熟后，从每个试验小区随机抽样 10 株，以分枝长度大于或等于 5cm、其上有两片真叶完全展开为标准，调查每株主茎上的一级分枝数。单位为个/株，精确到 1 位小数。

5.38 分枝级数

以 5.37 选取的样株为观测对象，按每级分枝长度大于或等于 5cm、其上有两片真叶完全展开为标准，调查每株主茎上产生分枝的最高级次。单位为级，精确到整数位。

5.39 分枝性

以分枝数为参数，按照下列标准，确定种质的分枝特性。

    1   弱（分枝数 <3 个）

    2   中（3 个≤分枝数 <5 个）

    3   强（分枝数≥5 个）

5.40 株高

以 5.37 选取的样株为观测对象，测量每株主茎从子叶节到最后一片复叶叶柄着生处的高度。单位为 cm，精确到 0.1cm。

5.41 主茎粗

以 5.37 选取的样株为观测对象，测量每株主茎中部最粗节间的横径。单位为 cm，精确到 0.1cm。

5.42 主茎节数

以 5.37 选取的样株为观测对象，调查每株主茎子叶节到植株顶端最后一片复叶着生节的节数。单位为节，精确到 1 位小数。

5.43 生长习性

开花期，以试验小区的植株为观测对象，采用目测法观察植株的主茎生长点花芽分化情况、节间长短、分枝着生角度和长度；同时，从每个试验小区随机抽样 10 株，调查每株的植株高度，计算平均数，精确到 1 位小数。

在不摘除生长点、正常管理的情况下，根据主茎生长点花芽分化情况、植株高度、节间长短、分枝角度和长度将植株的生长习性分 3 类。

    1   直立

茎秆直立，主茎与分枝粗细分明，分枝长度不超过主茎，节间短，植株较矮，株高 30~60cm，分枝与主茎间夹角较小，分枝少且短，抗倒伏性强，多为早熟品种。

　　2　半蔓生

介于直立和蔓生之间。茎基部直立，中上部变细略呈攀缘状。分枝与主茎之间夹角较大，分枝较多，其长度与主茎高度相似，或丛生，多为中早熟品种。

　　3　蔓生

茎秆细，节间长，分枝长度超过主茎，主茎与分枝形成的角度大，主茎与分枝顶端均呈缠绕状或攀援状，整个植株蔓生匍匐，多为晚熟品种。

5.44　结荚习性

花荚期，以试验小区的植株为观测对象，采用目测法观察雌花或果实在植株的主蔓和侧蔓上的分布情况，主茎和分枝生长点花芽分化情况。

根据下列分类，确定种质的结荚习性。

　　1　有限

开花后不久，主茎和分枝顶端即形成一个顶生花簇荚果。以后节数不再增加，茎秆停止生长。其营养生长与生殖生长重叠时间较短，多属早熟或中熟品种。

　　2　无限

主茎和分枝的顶芽不转变成花序，在适宜环境条件下，可保持继续生长的能力，常常边开花结荚边进行茎叶生长，其营养生长与生殖生长重叠时间较长。这类品种开花期长，结荚分散，基部与顶部荚成熟不一致。晚熟种多属此类型。

上述没有列出的其他结荚习性，需要另外给予详细的描述和说明。

5.45　幼荚色

花荚期，以试验小区的植株为观测对象，在正常的光照条件下，采用目测法观察幼荚的颜色。

根据观察结果，按照最大相似原则，确定种质的幼荚颜色。

　　1　绿色
　　2　绿带紫色

上述没有列出的其他幼荚色，需要另外给予详细的描述和说明。

5.46　成熟荚色

成熟期，以试验小区的植株为观测对象，在正常的光照条件下，采用目测法观察成熟豆荚的颜色。

根据观察结果，按照最大相似原则，确定种质的成熟荚色。

　　1　浅褐色
　　2　褐色
　　3　黑色

上述没有列出的其他成熟荚色，需要另外给予详细的描述和说明。

5.47 荚形

成熟期，以试验小区的植株为观测对象，采用目测的方法观察发育正常的成熟豆荚的外观形状。

参照黑吉豆荚形模式图，确定种质的荚形。

    1   圆筒形

    2   扁筒形

上述没有列出的其他荚形，需要另外给予详细的描述和说明。

5.48 荚茸毛密度

成熟期，以试验小区的植株为观测对象，采用目测的方法观察发育正常的成熟豆荚表面的茸毛疏密程度。

根据观察结果，确定种质的豆荚表面茸毛的密度。

    0   无

    1   稀

    2   密

5.49 荚茸毛颜色

成熟期，以试验小区的植株为观测对象，采用目测法观察豆荚表面的茸毛颜色。

根据观察结果，按照最大相似原则，确定种质豆荚茸毛的颜色。

    1   灰色

    2   红褐色

5.50 裂荚性

成熟期，以试验小区的植株为观测对象，采用目测的方法观察发育正常的成熟豆荚的开裂情况。

根据观察结果，确定种质的裂荚习性。

    0   不裂

    1   裂

5.51 单株荚数

以 5.37 选取的样株为观测对象，调查每个植株上所有的成熟荚数，计数单个植株上的成熟豆荚数，求其平均数。单位为个，精确到 0.1 个。

5.52 荚长

从 5.51 选取的样株中随机抽取 10 个正常成熟的豆荚，测每个豆荚的长度，求其平均数。单位为 cm，精确到 0.1cm。

5.53 荚宽

以 5.52 中抽取的豆荚为观测对象，测量每个豆荚中部的宽度，求其平均数。单位为 cm，精确到 0.01cm。

5.54　单荚粒数

以 5.52 中抽取的豆荚为观测对象，调查每个豆荚内所有发育正常的籽粒数，求其平均数。单位为粒/荚，精确到 0.1 粒。

5.55　粒色

以 5.52 中抽取的豆荚为观测对象，观察每个豆荚内所有发育正常的籽粒颜色。

根据观察结果，按照最大相似原则，确定种质的籽粒颜色。

  1　　绿色
  2　　灰色
  3　　褐色
  4　　黑色
  5　　花斑点

上述没有列出的其他类型，需要给予具体的说明。

5.56　粒形

以 5.52 中抽取的豆荚为观测对象，采用目测的方法，观察每个豆荚内所有发育正常的籽粒形状。

根据粒形模式图，按照最大相似原则，确定种质的籽粒形状。

  1　　短圆柱
  2　　长圆柱
  3　　球形

上述没有列出的其他类型，需要给予具体的说明。

5.57　种皮光泽

以 5.52 中抽取的豆荚为观测对象，采用目测的方法，观察每个豆荚内所有发育正常的籽粒种皮光泽。

根据观测结果，按照最大相似原则，确定种质的籽粒种皮光泽程度。

  1　　光（有光泽）
  2　　毛（无光泽）

5.58　粒长

从 5.51 样荚中随机抽取 10 个正常成熟的豆粒，测每个豆粒的长度，求其平均数。单位为 cm，精确到 0.01cm。

5.59　粒宽

从 5.51 样荚中随机抽取 10 个正常成熟的豆粒，测每个豆粒的宽度，求其平均数。单位为 cm，精确到 0.01cm。

5.60　百粒重

以风干后的成熟籽粒为观测对象，参照 GB 5519 粮食、油脂检验 千粒重检测方法和 GB/T 3543 农作物种子检验规程，从清选后的种子中随机取样，重复测定两次，每个重复 100 粒种子，用 0.01g 感量的天平称重，误差小于 5% 时求其平均数。单位为 g，精确到 0.01g。

5.61　籽粒大小

以百粒重为参数，按照下列标准，确定种质的籽粒大小。

黑吉豆籽粒大小程度。

　　　　1　　小（百粒重 <4g）
　　　　2　　中（4g≤百粒重 <6g）
　　　　3　　大（6g≤百粒重 <7g）
　　　　4　　特大（百粒重≥7g）

5.62　籽粒均匀度

以当年收获的籽粒为调查对象，采用目测的方法，观察发育正常的籽粒大小、粒形、粒色、饱满程度的一致性。

根据观测结果，按照最大相似原则，确定种质的籽粒均匀程度。

　　　　1　　均匀
　　　　2　　中等
　　　　3　　不均匀

5.63　硬实率

以风干后的成熟籽粒为观测对象，参照 GB 10462 绿豆，从清选后的种子中随机取样，拣去不完善粒，重复测定两次，每个重复 100 粒种子，放置于 35℃的温水中浸泡 1h，去除沥干表面水分，再用滤纸吸去表皮吸附的水分，与未浸泡的样品对比，种皮未发皱或体积不膨胀的颗粒，即为硬实粒。根据测试结果，计算出每份种质的硬实率。以% 表示，精确到 0.01%。

5.64　单株产量

以 5.37 取的样株为调查对象，用 0.01g 感量的天平称取每个植株上干籽粒的总重量。单位为 g，精确到 0.1g。

6　品质特性

6.1　粗蛋白含量

以成熟、清选后的干种子为观测对象，按照 GB 2905 谷物、豆类作物种子粗蛋白质测定法（半微量凯氏法）和 GB 5511 粮食、油料检验　粗蛋白质测定法，进行样品制备和粗蛋白含量检测。以% 表示，精确到 0.01%。

6.2　粗脂肪含量

以成熟、清选后的干种子为观测对象，按照 GB 2906 谷物、豆类作物种子粗脂肪测定法、GB /T 5490 粮食、油料及植物油脂检验一般规则、GB 5512 粮食、油料检验 粗脂肪测定法，进行样品制备和粗脂肪含量检测。以%表示，精确到 0.01%。

6.3 总淀粉含量

以成熟、清选后的干种子为观测对象，按照 GB 5006 谷物籽粒粗淀粉测定法（改进的盐酸水解–旋光法）、GB/T 5514 粮食、油料检验淀粉测定法、GB 10462 谷物籽粒粗淀粉测定法，进行样品制备和粗淀粉含量检测。以%表示，精确到 0.01%。

6.4 直链淀粉含量

以成熟、清选后的干种子为观测对象，按照 GB/T5683 稻米直链淀粉含量的测定、GB7648 水稻、玉米、谷子籽粒直链淀粉测定法，进行样品制备和直链淀粉含量检测。以%表示，精确到 0.01%。

6.5 支链淀粉含量

支链淀粉含量是籽粒的粗淀粉含量减去籽粒的直链淀粉含量在样品中所占的百分率。以%表示，精确到 0.01%。

6.6 天门冬氨酸含量

参照 6.1 中的方法进行取样和样品的制备。按照 GB 7649 谷物籽粒氨基酸测定的前处理方法，检测样品中天门冬氨酸的含量。以%表示，精确到 0.01%。

6.7 苏氨酸含量

数据质量控制规范同 6.6。

6.8 丝氨酸含量

数据质量控制规范同 6.6。

6.9 谷氨酸含量

数据质量控制规范同 6.6。

6.10 甘氨酸含量

数据质量控制规范同 6.6。

6.11 丙氨酸含量

数据质量控制规范同 6.6。

6.12 胱氨酸含量

数据质量控制规范同 6.6。

6.13 缬氨酸含量

数据质量控制规范同 6.6。

6.14 蛋氨酸含量

数据质量控制规范同 6.6。

6.15 异亮氨酸含量

数据质量控制规范同6.6。

6.16 亮氨酸含量

数据质量控制规范同6.6。

6.17 酪氨酸含量

数据质量控制规范同6.6。

6.18 苯丙氨酸含量

数据质量控制规范同6.6。

6.19 赖氨酸含量

数据质量控制规范同6.6。

6.20 组氨酸含量

数据质量控制规范同6.6。

6.21 精氨酸含量

数据质量控制规范同6.6。

6.22 脯氨酸含量

数据质量控制规范同6.6。

6.23 色氨酸含量

按照 GB 7650 谷物籽粒色氨酸测定法，检测样品中色氨酸的含量。

6.24 豆芽生产力

以成熟、清选后的干种子为观测对象，参照下列方法进行出芽率的检测。以倍表示，精确到小数点后1位。

选用发芽势好、发芽率高的新鲜黑吉豆，挑出杂物、破粒、秕粒、虫蛀粒、杂粒，并用水洗净。将豆粒倒入 60～70℃ 温水中烫 1min 左右，用水冲凉，然后虑干水分。当小芽长到半个豆粒长时，装缸放入豆芽机或暖房内育芽。温度控制在 20～25℃ 为宜。装豆前先把缸用开水冲洗 3～4 遍，使缸预热并消毒。装缸后，每隔 3～6h 淋清洁水 1 次，水要漫过豆芽，然后排出，水温以 22℃ 左右为好。豆芽生成后，应分层取出，以免折断。取出的豆芽放在凉水中淘洗，除去豆皮和杂质。根据分析结果评价每份黑吉豆种质出芽率的高低。

6.25 芽菜风味

参照 6.24 中的方法进行取样和样品的制备。

按照 GB/T 10220 感官分析方法总论中的有关部分进行评尝员的选择、样品的准备以及感官评价的误差控制。

参照 GB/T 12316 感官分析方法 "A" –非 "A" 检验方法，请 10～15 名品尝员对每一份样品通过口尝和鼻嗅的方法进行尝评，通过与下列各级风味的对照品种进行比较，按照 3 级风味的描述，给出 "与对照同" 或 "与对照不同" 的回答。按照评尝员对每份种质和对照的风味的评判结果，汇总对每份种质和对照品种的各种回答数，并对种质和对照风味的差异显著性进行 X^2 测验，如果某样品与对照 1 无差异，即可判断该种质的风味类型；如果某样品与对照 1 差异显著，则需与对照 2 进行比较，依此类推。

芽菜风味分为 3 级。

　　1　　好（甜脆可口）

　　2　　中（一般）

　　3　　差（有苦味，纤维多）

6.26　出沙率

以成熟、清选后的干种子为观测对象，按照下列方法进行黑吉豆豆沙含量检测，以％表示，精确到 0.01％。

取原料（黑吉豆）100g，用清水冲洗 2～3 遍，放入 50ml 的烧杯中，加入 300ml 蒸馏水，浸泡 8～10h，当泡豆达到原豆重量 1～1.2 倍时，放入锅内，加入略过豆面的水，蒸煮 30～45min。当有 10％～15％的豆粒裂口时，捞出，控干水分，趁热打浆。过孔径 1mm 和 0.6mm 筛网，用离心机脱水后，烘干，当豆沙含水量达到 15％～20％称其重量，计算出沙率。

6.27　豆沙风味

参照 6.26 中的方法进行取样和样品的制备。

按照 GB/T 10220 感官分析方法总论中的有关部分进行评尝员的选择、样品的准备以及感官评价的误差控制。

参照 GB/T 12316 感官分析方法 "A"－非 "A" 检验方法，请 10～15 名品尝员对每一份样品通过口尝和鼻嗅的方法进行尝评，通过与下列各级风味的对照品种进行比较，按照 3 级风味的描述，给出 "与对照同" 或 "与对照不同" 的回答。按照评尝员对每份种质和对照的风味的评判结果，汇总对每份种质和对照品种的各种回答数，并对种质和对照风味的差异显著性进行 X^2 测验，如果某样品与对照 1 无差异，即可判断该种质的风味类型；如果某样品与对照 1 差异显著，则需与对照 2 进行比较，依此类推。

豆沙风味分为 3 级。

　　1　　好（甜味和芳香味浓厚）

　　2　　中（微甜，略有芳香味）

　　3　　差（无明显甜味和芳香味）

7　抗逆性

7.1　芽期耐旱性

芽期耐旱性鉴定方法采用室内芽期模拟干旱法，即培养皿中高渗溶液内发芽的方法鉴定。计数各品种发芽数，按下式求相对发芽率：

$$GR = \frac{Gn}{Gnc} \times 100$$

式中：

　　GR ——相对发芽率（%）

　　Gn ——高渗溶液下的发芽数

　　Gnc——对照发芽数

以相对发芽率评价芽期耐旱性，将耐旱等级划分为高耐、耐、中耐、弱耐及不耐 5 个等级。

所需的仪器包括：φ12cm 的培养皿（玻璃或塑料的均可）、定性滤纸、加液器、恒温培养箱。

试剂包括：甘露醇或聚乙二醇（化学纯）及 75% 酒精。

高渗溶液配制：根据公式 g = pmv/RT 配制 11 或 12 个大气压的甘露醇溶液。公式 g = pmv/RT 中，g = 配制所需溶液的甘露醇重量；p = 以大气压表示的水分张力；m = 甘露醇的分子量（182.18）；v = 以升为单位的容量；R = 0.08205；T = 绝对温度（273 + 室温℃）。

在高渗溶液中萌发：在每个消过毒的培养皿内铺两层滤纸，分别摆 25 粒种子，每个品种设 3 个重复，同时做两个加蒸馏水的对照。加配制好的甘露醇溶液各 15ml，于 25℃ 的恒温培养箱内进行萌发，第六天调查发芽率。

数据采集的方法、采用的鉴定评价规范和标准：胚根长度与种子籽粒的长度等长，两片子叶叶瓣完好或破裂低于 1/3，即为发芽。在 25℃ 的恒温培养箱内处理 5d，每重复测定 25 粒种子的发芽率，3 次重复。黑吉豆芽期耐旱性鉴定，在同一高渗溶液条件下进行种子发芽，计数发芽数，按公式高渗溶液下的（发芽数/对照发芽数）×100 求得 3 次重复相对发芽率，根据平均相对发芽率将黑吉豆芽期耐旱性分为 5 个等级：

　　　　1　　高耐（HT）（种子相对发芽率≥80%）

　　　　3　　耐（T）（60% ≤种子相对发芽率 <80%）

　　　　5　　中耐（MT）（30% ≤种子相对发芽率 <60%）

　　　　7　　弱耐（S）（10% ≤种子相对发芽率 <30%）

　　　　9　　不耐（HS）（种子相对发芽率 <10%）

芽期耐旱性鉴定结果的统计分析和校验参照 3.3。

注意事项：

保证发芽条件的一致性和稳定性。采用正常成熟、饱满、一致，贮藏年限相同的种子或新种子，并且不应有任何机械或药物处理。

设置代表性对照品种。如果不同批次间，对照品种的表现差异显著，需考虑重新进行试验。

7.2　成株期耐旱性

成株期耐旱性是采用田间自然干旱鉴定法造成生育期间干旱胁迫，调查对干旱敏感性状的表现，测定耐旱系数，依据平均耐旱系数划定高耐、耐、中耐、弱耐及不耐 5 个等级。

鉴定方法：选择年降雨量 100mm 以下的灌溉农业区做田间鉴定。在田间设干旱与灌水两个处理区。播前两区均浇足底墒水。按正常播种，顺序排列，双行区，行长 2.0m，行宽 0.5m，每行 20 株，2 次重复。干旱处理区，出苗后至成熟不进行浇水，造成全生育期干旱协迫。灌水处理区，依鉴定所在地灌水方式进行浇水，保证正常生长。

评定方法及分级标准：生育期间和成熟后调查株高、单株荚数和产量 3 个性状，按下列计算每个性状的耐旱系数：

$$DI = (Xd/X\omega) \times 100$$

式中：

DI——耐旱系数

Xd——旱地性状值

$X\omega$——水地性状值

依据平均耐旱系数将黑吉豆生育期（熟期）耐旱性划分为 5 个耐旱级别：

　　1　　　高耐（HT）（耐旱系数≥90）

　　3　　　耐（T）（80≤耐旱系数<90）

　　5　　　中耐（MT）（60≤耐旱系数<80）

　　7　　　弱耐（S）（40≤耐旱系数<60）

　　9　　　不耐（HS）（耐旱系数<40）

对初鉴的高耐、耐的材料进行复鉴，以复鉴结果定抗性等级。

注意事项：

保证鉴定条件的一致性和稳定性。采用正常成熟、饱满、一致，贮藏年限相同的种子或新种子。加强田间管理，使幼苗生长健壮、整齐一致。

设置代表性对照品种。如果不同批次间，对照品种的表现差异显著，需考虑重新进行试验。

7.3 芽期耐盐性

芽期耐盐性鉴定采用室内模拟耐盐法，在相应发芽温度和盐分胁迫条件下进行。计数各品种发芽数，按下式求相对盐害率：

$$GR = \frac{GRc - GRt}{GRc} \times 100$$

式中：

GR——相对发芽率（％）

GRc——对照发芽数

GRt——盐处理发芽数

根据芽期相对盐害率将黑吉豆种质芽期耐盐性分为高耐、耐、中耐、弱耐及不耐5个等级。

所需的仪器包括：φ12cm 的培养皿（玻璃或塑料的均可）、定性滤纸、加液器、恒温培养箱。

试剂包括：5％次氯酸钠、0.8％的 NaCl 溶液。

种子前处理：用5％次氯酸钠浸种消毒15min，消毒后，用清水冲洗3次，再甩干。

在盐溶液中萌发：先用0.8％的 NaCl 溶液浸种24h，在每个消过毒的培养皿（φ12cm）中放入一张滤纸，再加5ml 的0.8％的 NaCl 溶液，然后均匀地放入经过浸种处理过的种子，以蒸馏水处理为对照组，于25℃的恒温培养箱中处理7d。为消除培养箱不同层次之间的温度差异，每天调换一次培养皿的位置。试验结束后，调查发芽率。

数据采集的方法、采用的鉴定评价规范和标准：在25℃的恒温培养箱内处理7d，每重复测定25粒种子的发芽率，3次重复。黑吉豆芽期耐盐性鉴定采用在相同浓度盐溶液条件下进行黑吉豆种子发芽（胚根长度与种子籽粒的长度等长，两片子叶叶瓣完好或破裂低于1/3，即为发芽）。根据各品种发芽数，计算出相对盐害率，按照相对盐害率（％）将黑吉豆芽期耐盐性分为5个等级：

    1   高耐（HT）（相对盐害率＜20％）

    3   耐（T）（20％≤相对盐害率＜40％）

    5   中耐（MT）（40％≤相对盐害率＜60％）

    7   弱耐（S）（60％≤相对盐害率＜80％）

    9   不耐（HS）（相对盐害率≥80％）

芽期耐盐性鉴定结果的统计分析和校验参照3.3。

注意事项同7.1。

7.4 苗期耐盐性

苗期耐盐性鉴定在田间进行，对相应盐分胁迫条件下幼苗对盐害的反应情况，进行加权平均，统计盐害指数，根据幼苗盐害指数确定黑吉豆种质苗期耐盐性的 5 个耐盐级别。

$$SI = \frac{\sum C_i N_i}{5N} \times 100$$

式中：

SI——盐害指数

C_i——苗类（田间分级）

N_i——每类苗株数

N——总株数

田间鉴定方法：试验以畦田方式种植，单行 30 粒点播，行长 1.5m，行距 0.3m，顺序排列，3 次重复，播种前适当深耕细耙，疏松土壤，浇淡水洗盐，平整地面，尽量保证出苗和处理水深一致，4 月下旬至 5 月上旬播种，至幼苗出现 2 ~ 3 片复叶时拔除劣苗，每行保留 20 株左右长势一致的健壮苗。黑吉豆以 17 ~ 20 ds/m 的咸水灌溉处理。水深 3 ~ 5cm，处理后 7d 调查结果，进行耐盐性分级。

评定方法及分级标准：黑吉豆于 2 叶 1 心 ~ 3 叶期时漫灌浓度为 17 ~ 20 ds/m 咸水，待植株明显出现盐害症状时（一般 7d），群体目测分级，记载耐盐结果。

田间分级	植株受害状况
1	生长基本正常，没有出现盐害症状。
3	生长基本正常，但少数叶片出现青枯或卷缩。
5	大部分叶片出现青枯或卷缩，少部分植株死亡。
7	生长严重受阻，大部分植株死亡。
9	严重受害，几乎全部死亡或接近死亡。

将各类苗数调查数据计算盐害指数，根据盐害指数将黑吉豆苗期耐盐性分为 5 个等级：

1　高耐（HT）（幼苗盐害指数 < 20）

3　耐（T）（20 ≤ 幼苗盐害指数 < 40）

5　中耐（MT）（40 ≤ 幼苗盐害指数 < 60）

7　弱耐（S）（60 ≤ 幼苗盐害指数 < 80）

9　不耐（HS）（幼苗盐害指数 ≥ 80）

注意事项同 7.2。

7.5　苗期耐寒性（参考方法）

苗期耐寒性鉴定方法采用人工模拟气候鉴定法。用消毒的草碳和蛭石 3 : 1 混合作为基质，营养钵育苗，每份种质 30 钵，每钵保苗 1 株，分 3 次重复。设置耐寒性不同的对照品种。在正常的条件下生长，待幼苗生长至 3 叶 1 心后，移至 5.0（±1.0）℃的条件下处理 24h。观察幼苗的冷害症状，冷害级别根据冷害症状分为 6 级。

级别	冷害症状
0	无冷害症状
1	心叶正常，展开叶叶缘出现水渍状
2	心叶正常，展开叶叶面出现水渍斑
3	心叶正常，展开叶 1/2 呈水渍状萎蔫
4	心叶叶缘萎蔫，展开叶整片萎蔫
5	整株萎蔫

根据冷害级别计算冷害指数，计算公式为：

冷害指数 = Σ（各冷害级株数 × 各冷害级数值）/（最高级数 × 调查总株数）×100。

苗期耐寒性根据冷害指数分为 5 级。

1	高耐（HT）（幼苗冷害指数 <20）
3	耐（T）（20≤幼苗冷害指数 <40）
5	中耐（MT）（40≤幼苗冷害指数 <60）
7	弱耐（S）（60≤幼苗冷害指数 <80）
9	不耐（HS）（幼苗冷害指数 ≥80）

耐冷性鉴定结果的统计分析和校验参照 3.3。

注意事项同 7.2。

7.6 耐涝性

在多雨水涝情况下，于地面积水 2d 后，根据植株田间生长状况判定黑吉豆耐涝级别。

观察调查结果分为 3 级。

1	强（有 30% 以内的植株萎蔫）
2	中（有 30%～70% 的植株萎蔫）
3	弱（有 70% 以上的植株萎蔫）

7.7 抗倒伏性

在成熟期或遇到暴风雨之后（注明日期），根据黑吉豆植株的田间倾斜程度和倾斜植株的比例判定抗倒伏性级别，至少有两年的观察结果。

观察调查结果分为 3 级。

1	强（有 30% 以内的植株倾斜，倾斜 30°角以内）
2	中（有 30%～70% 的植株倾斜，倾斜 70°角以内）
3	弱（有 70% 以上的植株倾斜，倾斜 70°角以上）

8 抗病虫性

8.1 尾孢菌叶斑病抗性

在黑吉豆叶斑病中以尾孢菌叶斑病发生较重，其病原为变灰尾孢菌（*Cercospora canescens* Ell. et Mart. ），主要发生在成株期。黑吉豆对尾孢菌叶斑病抗性的鉴定可以采用以下苗期人工接种鉴定法。

鉴定圃设置：鉴定在田间进行，每份材料单行播种，行长 1.5～2m，每行留苗 20 株。待植株长至开花期时即可接种。

接种液制备：以蒸煮并灭菌的高粱粒为扩大繁殖基物，接菌并培养，大量产孢后荫干备用。接种前用蒸馏水冲洗带菌高粱粒，经双层纱布过滤后，配制成浓度为 3×10^4 孢子/ml 的病菌分生孢子悬浮液，用于接种。

接种方法：人工接种鉴定采用喷雾接种法。当黑吉豆生长至开花期时，将制备好的接种液喷雾接种于黑吉豆叶片。接种后植株保湿 24h，田间需保持土壤处于较高湿度条件下，鉴定环境温度应控制在 20～30℃，创造适宜发病的条件。

病情调查与分级标准：接种后 20～30d 调查发病情况，记录病株数及病级。病情分级标准如下：

病级　　病情

 0　　叶片上无可见侵染

 1　　叶片上仅有少量点状病斑，占叶面积少于 5%

 3　　病斑较大，稀少，占叶面积 5%～25%

 5　　病斑较大，多，占叶面积 25%～50%

 7　　病斑大而多，产孢，占叶面积 50%～75%

 9　　病斑大而多，部分相连，大量产孢，占叶面积 75% 以上，开始落叶。

根据病级计算病情指数，公式为：

$$DI = \frac{\sum (s_i n_i)}{9N} \times 100$$

式中：DI ——病情指数

  s_i ——发病级别

  n_i ——相应发病级别的株数

  i ——病情分级的各个级别

  N ——调查总株数

抗性鉴定结果的统计分析和校验参照 3.3。

根据病情指数将黑吉豆对尾孢菌叶斑病抗性分为 5 级。

1 高抗（HR）（病情指数 <2）

3 抗病（R）（2≤病情指数 <15）

5 中抗（MR）（15≤情指数 <60）

7 感病（S）（60≤病情指数 <80）

9 高感（HS）（病情指数 ≥80）

若在尾孢菌叶斑病常发区，当尾孢菌叶斑病普遍严重发生时，可以通过田间观察黑吉豆植株自然发病状况，直接依据每份种质群体的叶片总体发病程度，即病情级别（参见病情描述），初步评价在自然发病条件下黑吉豆种质的田间抗性水平。将病情级别中的 0 和 1 级视为高抗（HR），3 级为抗（R），5 级为中抗（MR），7 级为感（S），9 级为高感（HS）。

注意事项：

严格控制接种菌液的浓度和试验条件的一致性；设置合适的抗病和感病对照品种；加强栽培管理，使幼苗生长健壮、整齐一致。

8.2 锈病抗性

黑吉豆锈病由疣顶单胞锈菌 [Uromyces appendiculatus（Pers.：Pers.）Unger] 引起，主要发生在成株期。黑吉豆对锈病抗性的鉴定可采用以下方法。

鉴定圃设置：鉴定在田间进行。每份材料单行播种，行长 1.5～2m，每行留苗 20 株。待植株长至开花期即可接种。鉴定环境温度应控制在 20～30℃，田间保持较高的湿度。

接种方法：人工接种鉴定采用喷雾接种法。用蒸馏水将收集保存的黑吉豆锈病病菌孢子配制成浓度为 $1×10^6$ 孢子/ml 的病菌孢子悬浮液，喷雾接种黑吉豆叶片的正面和背面。接种应选择在傍晚或阴天时进行。

接种后的田间管理：接种后田间应充分灌溉，使接种鉴定田保持较高的大气湿度，保证病菌的入侵、扩展和植株能够正常发病。接种后 30d 进行调查。

调查记载标准及抗性评价：对于人工接种条件下的抗性鉴定，调查时需记载每份鉴定材料群体的发病严重度和普遍率（群体中发病植株的估测百分率，如35%），并进行病情指数（Disease index，DI）计算。依据病情指数进行各鉴定材料抗性水平的评价。

严重度 症状描述

0 叶片上无孢子堆

1 孢子堆占叶面积少于 1%

5 孢子堆占叶面积 1%～5%

10 孢子堆占叶面积 5%～10%

20 孢子堆占叶面积 10%～20%

　　40　　孢子堆占叶面积 20% ~ 40%

　　60　　孢子堆占叶面积 40% ~ 60%

　　100　孢子堆占叶面积 60% ~ 100%

根据严重度计算病情指数，公式为：

$$DI = SR$$

式中：DI ——病情指数

　　　S ——严重度

　　　R ——普遍率

例如：$DI = 60 \times 0.35 = 21$

抗性鉴定结果的统计分析和校验参照 3.3。

根据病情指数将黑吉豆对锈病抗性分为 5 级。

　　1　　高抗（HR）（病情指数 < 0.5）

　　3　　抗（R）（0.5 ≤ 病情指数 < 5.0）

　　5　　中抗（MR）（5.0 ≤ 病情指数 < 20.0）

　　7　　感（S）（20.0 ≤ 病情指数 < 40.0）

　　9　　高感（HS）（病情指数 ≥ 40.0）

若在锈病常发区，当锈病普遍严重发生时，可以通过田间观察黑吉豆植株自然发病状况，直接依据每份种质群体的叶片总体发病程度，即严重度，初步评价在自然发病条件下黑吉豆种质的田间抗性水平。将病情级别中的 0、1 级视为高抗（HR），5、10 为抗（R），20、40 为中抗（MR），60 为感（S），100 为高感（HS）。

注意事项同 8.1。

8.3　白粉病抗性

黑吉豆白粉病是由蓼白粉菌（*Erysiphe polygoni* DC.）、黄芪单囊壳（*Sphaer-otheca astragali* Junell）引起，主要发生在成株期。黑吉豆对白粉病抗性的鉴定可以参考以下苗期人工接种鉴定法。

鉴定圃：鉴定圃设在黑吉豆白粉病重发区。适期播种，每份鉴定材料播种 1 行，行长 1.5 ~ 2m，每行留苗 20 ~ 25 株。待植株生长至开花期即可接种。

接种方法：人工接种鉴定采用喷雾接种法。用蒸馏水冲洗采集的发病植株叶片上的白粉菌孢子，配制浓度为 8×10^4 孢子/ml 的病菌孢子悬浮液，喷雾接种黑吉豆叶片。

接种后的管理：接种后需进行田间灌溉，使土壤处于较高湿度条件下，以创造适宜发病的环境条件。接种后 10d 进行调查。

调查记载标准及抗性评价：调查时需记载每份鉴定材料内各单株的发病级别，并进行病情指数（Disease index，DI）计算。依据病情指数评价各鉴定材料抗性水平。

级别	症状描述
0	叶片上无可见侵染
1	菌体覆盖叶面积 0.1% ~10%
3	菌体覆盖叶面积 10% ~35%
5	菌体覆盖叶面积 35% ~65%
7	菌体覆盖叶面积 65% ~90%
9	菌体覆盖叶面积 90% ~100%

根据病级计算病情指数，公式为：

$$DI = \frac{\sum (s_i n_i)}{9N} \times 100$$

式中：　　DI——病情指数

s_i——发病级别

n_i——相应发病级别的株数

i——病情分级的各个级别

N——调查总株数

抗性鉴定结果的统计分析和校验参照 3.3。

根据病情指数将黑吉豆对白粉病抗性划分为 5 个等级：

1	高抗（HR）（病情指数 <2）
3	抗（R）（2≤病情指数 <15）
5	中抗（MR）（15≤病情指数 <60）
7	感（S）（60≤病情指数 <80）
9	高感（HS）（病情指数≥80）

若在白粉病常发区，当白粉病普遍严重发生时，可以通过田间观察黑吉豆植株自然发病状况，直接依据每份种质群体的叶片总体发病程度，即病情级别（参见症状描述），初步评价在自然发病条件下黑吉豆种质的田间抗性水平。将病情级别中的 0 和 1 级视为高抗（HR），3 级为抗（R），5 级为中抗（MR），7 级为感（S），9 级为高感（HS）。

注意事项同 8.1。

8.4　丝核菌根腐病抗性

在黑吉豆根腐病中丝核菌根腐病发生较重，其病原为茄立枯丝核菌（*Rhizoctonia solani* Kühn），主要发生在生长前期。黑吉豆对丝核菌根腐病的抗性鉴定可采取人工接种鉴定法。

播种及种子处理：供试品种种子经 5% 次氯酸钠溶液消毒 10 min 后，用清水冲洗，播种于盛有灭菌砂土的塑料移植盒中，每盒 10 粒，重复 3 次，待幼苗出土后 4d 进行接种。

接种液制备：从黑吉豆田中采集病株，经组织分离获得纯培养物。病菌在 PDA 试管中低温保存，接种时转入液体培养基（马铃薯 200g、葡萄糖 15g、水 1 000ml，250ml 三角瓶中装 100ml）26℃黑暗培养 7d，菌液浓度为 1×10^5 菌丝段/ml，用于接种。

接种方法：接种采用砂培灌根法。当黑吉豆达到 4d 苗龄时，用制备好的接种液浇灌根。鉴定环境温度应控制在 25～26℃，每日光照 12h。

病情调查与分级标准：接种后 7d 调查发病情况，记录病株数及病级。病情分级标准如下。

病级	病情
0	无可见侵染
1	下胚轴仅有点状病斑或病斑长 1～3mm，环剥小于 1/4，根正常
3	下胚轴病斑长 3～5mm，环剥 1/4～2/4，根基本正常
5	下胚轴病斑长 5～7mm，环剥 2/4～3/4，根部分侵染
7	下胚轴病斑长 7mm 以上，环剥 3/4 以上，但未完全环剥，根系严重侵染
9	下胚轴病斑完全环剥，植株死亡。

根据病级计算病情指数，公式为：

$$DI = \frac{\sum (s_i n_i)}{9N} \times 100$$

式中：DI——病情指数

s_i——发病级别

n_i——相应发病级别的株数

i——病情分级的各个级别

N——调查总株数

抗性鉴定结果的统计分析和校验参照 3.3。

根据病情指数将黑吉豆对丝核菌根腐病抗性分为 5 级。

1	高抗（HR）（病情指数<2）	
3	抗（R）（2≤病情指数<15）	
5	中抗（MR）（15≤病情指数<60）	
7	感（S）（60≤病情指数<80）	
9	高感（HS）（病情指数≥80）	

注意事项同 8.1。

8.5 镰刀菌根腐病抗性

黑吉豆镰刀菌根腐病的病原为茄镰刀菜豆专化型菌 [*Fusarium solani* f. sp. *phaseoli* (*Burk.*)]，在黑吉豆整个生育期均可发生。黑吉豆对镰刀菌根腐病抗性的鉴定可采取人工接种鉴定法。

播种及种子处理：供试品种种子经5%次氯酸钠溶液消毒10 min后，用清水冲洗，播种于盛有灭菌砂土的塑料移植盒中，每盒10粒，重复3次，待幼苗出土后4d进行接种。

接种液制备：从黑吉豆试验田中采集病株，经组织分离获得纯培养物。病菌在PDA试管中低温保存，接种时转入液体培养基（马铃薯200g、葡萄糖15g、水1 000ml，250ml三角瓶中装100ml）26℃黑暗培养7d，菌液浓度为1×10^5菌丝段/ml，用于接种。

接种方法：接种采用砂培灌根法。当黑吉豆达到4d苗龄时，用制备好的接种液浇灌根。鉴定环境温度应控制在25~26℃，每日照光12h。

病情调查与分级标准：接种后7d调查发病情况，记录病株数及病级。病情分级标准如下。

病级　　病情

0　　无可见侵染

1　　下胚轴仅有点状病斑或病斑长1~3mm，环剥小于1/4，根正常

3　　下胚轴病斑长3~5mm，环剥1/4~2/4，根基本正常

5　　下胚轴病斑长5~7mm，环剥2/4~3/4，根部分侵染

7　　下胚轴病斑长7mm以上，环剥3/4以上，但未完全环剥，根系严重侵染

9　　下胚轴病斑完全环剥，植株死亡

根据病级计算病情指数，公式为：

$$DI = \frac{\sum (s_i n_i)}{9N} \times 100$$

式中：　　DI——病情指数

s_i——发病级别

n_i——相应发病级别的株数

i——病情分级的各个级别

N——调查总株数

抗性鉴定结果的统计分析和校验参照3.3。

根据病情指数将黑吉豆对镰刀菌根腐病抗性分为5级。

1　　高抗（HR）（病情指数<2）

3　　抗（R）（2≤病情指数<15）

5　　中抗（MR）（15≤病情指数<60）

7　　感（S）（60≤病情指数<80）

9　　高感（HS）（病情指数≥80）

注意事项同 8.1。

8.6　镰刀菌枯萎病抗性

黑吉豆镰刀菌枯萎病是由尖孢镰刀菌黑吉豆专化型（*Fusarium oxysporium Schlechtend*）所引起，在黑吉豆幼苗和成株期均可发生。黑吉豆对镰刀菌枯萎病抗性的鉴定可采用人工接种鉴定法。

鉴定圃：鉴定圃设在黑吉豆镰刀菌枯萎病重发田或人工病圃中（土壤中已充分接有病原菌）。适期播种，每鉴定材料播种 1 行，行长 1.5 ~ 2m，每行留苗 20 ~ 25 株。

在黑吉豆开花期进行调查。

调查记载标准及抗性评价：调查时需记载每份鉴定材料中各单株的发病级别，依据发病级别计算平均级别，依据平均级别进行各鉴定材料抗性水平的评价。

发病级别　症状描述

1　　植株生长正常

3　　植株上 10% 叶片萎蔫或黄化

5　　植株上约 25% 叶片萎蔫或黄化，植株轻度矮化

7　　植株上约 50% 叶片萎蔫或黄化，植株严重矮化

9　　植株枯萎死亡

根据病级计算平均发病级别，公式为：

$$DI = \frac{\sum (s_i n_i)}{N}$$

式中：　　DI——平均发病级别

s_i——发病级别

n_i——相应发病级别的株数

i——病情分级的各个级别

N——调查总株数

抗性鉴定结果的统计分析和校验参照 3.3。

根据平均发病级别将黑吉豆对枯萎病抗性划分为 5 个等级：

1　　高抗（HR）（平均发病级别<2）

3　　抗（R）（2≤平均发病级别<4）

5　　中抗（MR）（4≤平均发病级别<6）

7 感（S）（6≤平均发病级别＜8）

9 高感（HS）（平均发病级别≥8）

注意事项同8.1。

8.7 花叶病毒病抗性

黑吉豆花叶病毒病是由菜豆普通花叶病毒（*Bean common mosaic virus*，BC-MV）所引起，在黑吉豆幼苗和成株期均可发生。黑吉豆对花叶病毒病抗性的鉴定可采取人工接种鉴定法。

温室鉴定圃：鉴定圃设在温度和湿度可以控制的温室。每鉴定材料播种3盆，每盆留苗5株。待植株生长2片真叶完全展开时即可接种。

接种方法：人工接种鉴定采用摩擦接种法。从接种已鉴定BCMV病毒的黑吉豆植株上采集发病叶片，剪碎后以1∶20的比例加入0.01mol/L、pH值为7.0的磷酸缓冲液，研磨后接种叶片。

接种后的管理：接种后温室温度应控制在25℃以下。接种后14d进行调查。

调查记载标准及抗性评价：调查时需记载每份鉴定材料群体的发病级别，依据发病级别计算病情指数，依据病情指数进行各鉴定材料抗性水平的评价。

发病级别　　症状描述

0 植株叶片正常

1 植株叶片呈现轻微花叶

3 植株叶片呈现中度花叶

5 植株叶片呈现轻微皱缩或轻花叶皱缩

7 植株叶片呈现明显花叶或皱缩或畸形

9 植株叶片呈现重度花叶或花叶皱缩或坏死

根据病级计算病情指数，公式为：

$$DI = \frac{\sum (s_i n_i)}{9N} \times 100$$

式中：DI——病情指数

s_i——发病级别

n_i——相应发病级别的株数

i——病情分级的各个级别

N——调查总株数

抗性鉴定结果的统计分析和校验参照3.3。

根据病情指数将黑吉豆对普通花叶病毒病抗性划分为5个等级：

1 高抗（HR）（病情指数＜2）

3 抗（R）（2≤病情指数＜10）

5　中抗（MR）（10≤病情指数＜20）

7　感（S）（20≤病情指数＜50）

9　高感（HS）（病情指数≥50）

若在黑吉豆花叶病常发区，当黑吉豆花叶病普遍严重发生时，可以通过田间观察黑吉豆植株自然发病状况，直接依据每份种质群体的叶片总体发病程度，即病情级别（参见症状描述），初步评价在自然发病条件下黑吉豆种质的田间抗性水平。将病情级别中的0和1级视为高抗（HR），3级为抗（R），5级为中抗（MR），7级为感（S），9级为高感（HS）。

注意事项：筛选致病力较高的、且具有区域代表性的病毒株系。苗期鉴定应严格控制黑吉豆苗龄、生长势、接种浓度和温度等，保证试验条件的一致性。设置适宜的抗病、感病对照品种。

8.8　蚜虫抗性

危害黑吉豆的主要蚜虫为豆蚜（*Aphid craccivora* Koch），危害可发生在黑吉豆生长的各个生育阶段。根据豆蚜在植株上的分布程度和繁殖、存活能力，将黑吉豆对蚜虫的抗性划分为5级：高抗（HR）、抗（R）、中抗（MR）、感（S）、高感（HS）。

鉴定方法：田间抗性鉴定采用自然感虫法。鉴定圃设在黑吉豆蚜虫重发区。适期播种，每份鉴定材料播种1行，行长1.5～2m，每行留苗20～25株。田间不喷施杀蚜药剂。在蚜虫盛发期进行调查。

调查记载标准及抗性评价：调查时需记载每份鉴定材料单株着生蚜虫的状况（蚜害级别），依据蚜害级别计算蚜害指数，并通过相对蚜害指数的计算进行各鉴定材料抗性水平的评价。

蚜害级别　　症状描述

0　植株上无蚜虫

1　植株幼嫩茎叶上仅有零星蚜虫

3　植株幼嫩茎叶上有少量分散的蚜虫

5　植株幼嫩茎叶上有一些分散并较小的蚜虫群落

7　植株幼嫩茎叶上有较多并较大的蚜虫群落

9　植株幼嫩茎叶上布满蚜虫，群落间无法区分

根据蚜害级别计算蚜害指数，公式为：

$$I = \frac{\sum (s_i n_i)}{9N} \times 100$$

式中：　　I —— 蚜害指数

s_i —— 蚜害级别

n_i—— 相应蚜害级别的株数

i—— 蚜害分级的各个级别

N—— 调查总株数

根据蚜害指数计算相对蚜害指数，公式为：

$$I^* = \frac{I}{(\Sigma I)/N}$$

式中：　　I^*——蚜害指数

　　　　　$(\Sigma I)/N$——鉴定材料平均蚜害指数

抗性鉴定结果的统计分析和校验参照3.3。

根据相对蚜害指数将黑吉豆对蚜虫的抗性划分为5个等级：

　1　　高抗（HR）（相对蚜害指数＜0.20）

　3　　抗（R）（0.20≤相对蚜害指数＜0.35）

　5　　中抗（MR）（0.35≤相对蚜害指数＜0.50）

　7　　感（S）（0.50≤相对蚜害指数＜0.75）

　9　　高感（HS）（相对蚜害指数≥0.75）

若在蚜虫重发区，可以通过田间观察黑吉豆植株自然感染蚜虫状况，依据每份种质群体的感蚜程度，初步评价在自然蚜虫严重发生条件下黑吉豆种质的田间抗性水平。将蚜害级别中的0和1级视为抗（R），2级为中抗（MR），3和4级为感（S）。

8.9　红蜘蛛抗性

危害黑吉豆的红蜘蛛［*Tetranychus cinnabarinus* (Boisduval)］，危害主要发生在黑吉豆成株期。根据红蜘蛛在黑吉豆叶片上危害的程度，将黑吉豆对红蜘蛛的抗性划分为5级：高抗（HR）、抗（R）、中抗（MR）、感（S）、高感（HS）。

鉴定方法：田间抗性鉴定采用自然感虫法。鉴定圃设在红蜘蛛重发区。适期播种，每份鉴定材料播种1行，行长2m，每行留苗10～15株。2次重复。田间不喷施杀虫药剂。在红蜘蛛盛发期进行调查。

调查记载标准及抗性评价：分别调查2个重复。依据红蜘蛛在叶片和植株顶梢上的危害严重程度将虫害划分为5级。依据发病级别进行各鉴定材料抗性水平的评价。

　　虫害级别　　症状描述

　1　　全株无虫害

　3　　植株叶片上仅有少量分散的红蜘蛛

　5　　植株叶片上有较多红蜘蛛，但顶梢上未形成蛛网

　7　　植株叶片上红蜘蛛多，顶梢已形成蛛网，部分叶片干枯

　9　　植株叶片上有大量红蜘蛛，大部分叶片枯死或脱落，顶梢结网

严重。

根据虫害级别将黑吉豆对红蜘蛛抗性划分为5个等级：

1　　高抗（HR）（虫害级别1）

3　　抗（R）（虫害级别3）

5　　中抗（MR）（虫害级别5）

7　　感（S）（虫害级别7）

9　　高感（HS）（虫害级别9）

8.10　豆象抗性

危害黑吉豆的豆象为绿豆象（*Callosobruchus chinensis* Linnaeus），主要在黑吉豆收获后的贮存期发生。黑吉豆对豆象抗性的鉴定可以采用以下人工接种鉴定法。

鉴定方法：采用室内人工接虫方法进行鉴定。各鉴定材料取籽粒50粒，放入 ϕ6cm 和 H1cm 的小盒中，不加盖。小盒放入大塑料盒内（66cm × 44cm × 18cm），盒上覆盖二层黑布，置于养虫架上。养虫室温度控制在27℃±2℃，保持黑暗和相对高湿。每个大塑料盒内放入400～500对羽化1～3d的绿豆象成虫，平均每份鉴定材料8对，使其在各材料上随机产卵。至感虫对照材料每粒种子着卵量达5粒以上时，将鉴定材料取出，除去所有成虫。接虫40～45d后，调查每份材料的虫害级别。

调查记载标准及抗性评价：根据籽粒受害率划分虫害级别。籽粒受害率指被豆象籽粒数占鉴定籽粒总数的百分率。根据虫害级别评价黑吉豆对豆象的抗性。

虫害级别　　描述

1　　籽粒受害率＜10%

3　　籽粒受害率10%～35%

5　　籽粒受害率35%～65%

7　　籽粒受害率65%～90%

9　　籽粒受害率＞90%

根据虫害级别将黑吉豆对豆象抗性划分为5个等级：

1　　高抗（HR）（籽粒受害级别1）

3　　抗（R）（籽粒受害级别3）

5　　中抗（MR）（籽粒受害级别5）

7　　感（S）（籽粒受害级别7）

9　　高感（HS）（籽粒受害级别9）

9　其他特征特性

9.1　核型

采用细胞学遗传学方法对染色体的数目、大小、形态和结构进行鉴定。以核型公式表示，如 $2n=2x=22$。

9.2　指纹图谱与分子标记

对进行过指纹图谱分析或重要性状分子标记的黑吉豆种质，记录指纹图谱或分子标记的方法，并注明所用引物、特征带的分子大小或序列以及所标记的性状和连锁距离。

9.3　备注

黑吉豆种质特殊描述符或特殊代码的具体说明。

六 黑吉豆种质资源数据采集表

1 基本信息			
全国统一编号(1)		种质库编号(2)	
引种号(3)		采集号(4)	
种质名称(5)		种质外文名(6)	
科名(7)		属名(8)	
学名(9)		原产国(10)	
原产省(11)		原产地(12)	
海拔(13)	m	经度(14)	
纬度(15)		来源地(16)	
保存单位(17)		保存单位编号(18)	
系谱(19)		选育单位(20)	
育成年份(21)		选育方法(22)	
种质类型(23)	1:野生资源　　2:地方品种　　3:选育品种 4:品品系　　5:遗传材料　　6:其他	图像(24)	
观测地点(25)		观测年份(26)	

2. 形态特征和生物学特性			
播种期(27)	出苗期(28)		三叶期(29)
分枝期(30)	始花期(31)		开花期(32)
始熟期(33)	成熟期(34)		收获期(35)
全生育日数(36)	熟性(37)	1:早　　2:中　　3:晚	
出土子叶色(38)	1:绿色　　2:紫色	幼茎色(39)	1:绿色　　2:紫色
对生单叶叶色(40)	1:浅绿色　2:绿色　3:深绿色	对生单叶叶形(41)	1:披针形　2:长卵形
复叶叶色(42)	1:浅绿色　2:绿色　3:深绿色	小叶叶形(43)	1:三角形　　2:卵圆形 3:菱形　　4:倒卵圆形

(续表)

叶片茸毛密度(44)	0:无　　1:稀　　2:密	小叶叶缘(45)	1:全缘　2:浅裂
叶片尖端形状(46)	1:锐　　2:钝	叶片长(47)	cm
叶片宽(48)	cm	叶片大小(49)	1:小　　2:中　　3:大
叶柄色(50)	1:绿色　2:紫色	叶柄茸毛密度(51)	0:无　　1:稀　　2:密
叶柄长(52)	cm	叶柄粗(53)	cm
叶脉色(54)	1:绿色　2:紫色	小叶基部色(55)	1:绿色　　2:紫色
第一花梗节位(56)	节	花蕾色(57)	1:绿色　2:紫色
花色(58)	1:浅黄色2:黄色3:黄带紫色	主茎色(59)	1:绿色　2:绿紫色 3:紫色
主茎茸毛密度(60)	0:无　　1:稀　　2:密	主茎茸毛颜色(61)	1:灰色　2:褐色
第一分枝节位(62)	节	主茎分枝数(63)	节
分枝级数(64)	级	分枝性(65)	1:弱　　2:中　　3:强
株高(66)	cm	主茎粗(67)	cm
主茎节数(68)	个	生长习性(6699)	1:直立　2:半蔓生 3:蔓生
结荚习性(70)	1:有限　　2:无限	幼荚色(71)	1:绿色　　2:绿带紫色
成熟荚色(72)	1:黄白色　2:褐色　3:黑色	荚形(73)	1:圆筒形2:扁筒形
荚茸毛密度(74)	0:无　　1:稀　　2:密	荚茸毛颜色(75)	1:灰色　2:褐色
裂荚性(76)	0:不裂　　1:裂	单株荚数(77)	个
荚长(78)	cm	荚宽(79)	cm
单荚粒数(80)	粒	粒色(81)	1:黄色　　2:绿色 3:褐色　　4:蓝青色 5:黑色
粒形(82)	1:短圆柱形　2:长圆柱形 3:球形	种皮光泽(83)	1:光　　2:毛
粒长(84)	cm	粒宽(85)	cm
百粒重(86)	g	籽粒大小(87)	1:小　　2:中　　3:大 4:特大
籽粒均匀度(88)	1:均匀　　2:中等　　3:不均匀	硬实率(89)	%
单株产量(90)	g		
3. 品质特性			
粗蛋白质含量(91)	%	粗脂肪含量(92)	%
总淀粉含量(93)	%	直链淀粉含量(94)	%

（续表）

支链淀粉含量(95)	%	天门冬氨酸含量(96)	%
苏氨酸含量(97)	%	丝氨酸含量(98)	%
谷氨酸含量(99)	%	甘氨酸含量(100)	%
丙氨酸含量(101)	%	胱氨酸含量(102)	%
缬氨酸含量(103)	%	蛋氨酸含量(104)	%
异亮氨酸含量(105)	%	亮氨酸含量(106)	%
酪氨酸含量(107)	%	苯丙氨酸含量(108)	%
赖氨酸含量(109)	%	组氨酸含量(110)	%
精氨酸含量(111)	%	脯氨酸含量(112)	%
色氨酸含量(113)	%	出芽率(114)	%
芽菜风味(115)	1:好　2:中　3:差	出沙率(116)	%
豆沙风味(117)	1:好　2:中　3:差		

4. 抗逆性					
芽期耐旱性(118)	1:高耐(HT)	2:耐(T)	3:中耐(MT)	4:弱耐(S)	5:不耐(HS)
成熟期耐旱性(119)	1:高耐(HT)	2:耐(T)	3:中耐(MT)	4:弱耐(S)	5:不耐(HS)
芽期耐盐性(120)	1:高耐(HT)	2:耐(T)	3:中耐(MT)	4:弱耐(S)	5:不耐(HS)
苗期耐盐性(121)	1:高耐(HT)	2:耐(T)	3:中耐(MT)	4:弱耐(S)	5:不耐(HS)
苗期耐寒性(122)	1:高耐(HT)	2:耐(T)	3:中耐(MT)	4:弱耐(S)	5:不耐(HS)
耐涝性(123)	1:强	2:中	3:弱		
抗倒伏性(124)	1:强	2:中	3:弱		

5. 抗病虫性					
尾孢菌叶斑病抗性(125)	1:高抗(HR)	3:抗(R)	5:中抗(MR)	7:感(S)	9:高感(HS)
锈病抗性(126)	1:高抗(HR)	3:抗(R)	5:中抗(MR)	7:感(S)	9:高感(HS)
白粉病抗性(127)	1:高抗(HR)	3:抗(R)	5:中抗(MR)	7:感（S）	9:高感(HS)
丝核菌根腐病抗性(128)	1:高抗(HR)	3:抗(R)	5:中抗(MR)	7:感(S)	9:高感(HS)
镰刀菌根腐病抗性(129)	1:高抗(HR)	3:抗(R)	5:中抗(MR)	7:感(S)	9:高感(HS
镰刀菌枯萎病抗性(130)	1:高抗(HR)	3:抗(R)	5:中抗(MR)	7:感(S)	9:高感(HS)
花叶病毒病抗性(131)	1:高抗(HR)	3:抗(R)	5:中抗(MR)	7:感(S)	9:高感(HS)
蚜虫抗性(132)	1:高抗(HR)	3:抗(R)	5:中抗(MR)	7:感(S)	9:高感(HS)

（续表）

红蜘蛛抗性(133)	1:高抗(HR)　3:抗(R)　5:中抗(MR)　7:感(S)　9:高感(HS)
豆象抗性(134)	1:高抗(HR)　3:抗(R)　5:中抗(MR)　7:感(S)　9:高感(HS)
6. 其他特征特性	
核型(135)	
指纹图谱与分子标记(136)	
备注(137)	

填表人：　　　　审核：　　　　日期：

七　黑吉豆种质资源利用情况报告格式

1　种质利用概况

当年提供利用的种质类型、份数、份次、用户数等。

2　种质利用效果及效益

包括当年和往年提供利用后育成的品种、品系、创新材料、生物技术利用、环境生态、开发创收等社会经济和生态效益。

3　种质利用存在的问题和经验

重视程度，组织管理，资源研究等。

八 黑吉豆种质资源利用情况登记表

种质名称					
提供单位		提供日期		提供数量	
提供种质 类　型	地方品种□　　育成品种□　　高代品系□　　国外引进品种□　　野生种□ 近缘植物□　　遗传材料□　　突变体□　　其他□				
提供种质 形　态	植株（苗）□　果实□　籽粒□　根□　茎（插条）□　叶□　芽□　花 (粉) □　组织□　　　　细胞□　DNA□　其他□				
统一编号		国家种质资源圃编号			
国家中期库编号		省级中期库编号			
提供种质的优异性状及利用价值：					
利用单位		利用时间			
利用目的					
利用途径：					
取得实际利用效果：					

种质利用单位盖章　　种质利用者签名：　　　　　年　　　月　　　日

主要参考文献

龙静宜，林黎奋，侯修身，段醒男，段宏义.1989.食用豆类作物.北京：科学出版社.

中国农学会遗传资源学会与中国农业科学院作物品种资源研究所.1989.作物抗逆性鉴定的原理与技术.北京：北京农业大学出版社.

吴全安.1991.粮食作物种质资源抗病虫鉴定方法.北京：农业出版社.

程须珍，曹尔辰.1996.绿豆.北京：中国农业出版社.

郑卓杰.1997.中国食用豆类学.北京：中国农业出版社.

胡家蓬，王佩芝，程须珍.1998.中国食用豆类优异种质.北京：中国农业出版社.

王晓鸣，金达生，R.列顿，等.2000.绿豆病虫害鉴别与防治.北京：中国农业科学技术出版社.

林汝法，柴岩，廖琴，孙世贤.2002.中国小杂粮.北京：中国农业科学技术出版社.

董玉琛，郑殿升.2006.中国作物及其野生近缘植物（粮食卷）.北京：中国农业出版社.

IBPGR. 1980. Descriptors for Mungbean Bean. IBPGR Secretariat. Rome，Italy.

IBPGR. 1985. Descriptors for Mungbean Bean and Mungo. IBPGR Secretariat. Rome，Italy.

Srinives P.，C. Kitbamroong and S. Miyazaki. 1996. Mungbean Germplasm：Collection，Evaluation and Utilization for Breeding Program. Japan International Research Center for Agricultural Sciences（JIRCAS）Ministry of Agriculture，Forestry and Fisheries. Japan.

Korihiko Tomooka，Duncan A. Vaughan，Helen Moss and Nigel Maxted. 2002. The Asian *Vigna*：Genus *Vigna* subgenus Ceratotropis genetic resources. IPGRI. Kluwer Academic Publishers. Natherlands.

TARC. 1990. Proceedings of the mungbean meeting 90. Chiang Mai，Thailand.

《农作物种质资源技术规范丛书》

分 册 目 录

1 总论

1 – 1　农作物种质资源基本描述规范和术语

1 – 2　农作物种质资源收集技术规程

1 – 3　农作物种质资源整理技术规程

1 – 4　农作物种质资源保存技术规程

2 粮食作物

2 – 1　水稻种质资源描述规范和数据标准

2 – 2　野生稻种质资源描述规范和数据标准

2 – 3　小麦种质资源描述规范和数据标准

2 – 4　小麦野生近缘植物种质资源描述规范和数据标准

2 – 5　玉米种质资源描述规范和数据标准

2 – 6　大豆种质资源描述规范和数据标准

2 – 7　大麦种质资源描述规范和数据标准

2 – 8　高粱种质资源描述规范和数据标准

2 – 9　谷子种质资源描述规范和数据标准

2 – 10　黍稷种质资源描述规范和数据标准

2 – 11　燕麦种质资源描述规范和数据标准

2 – 12　荞麦种质资源描述规范和数据标准

2 – 13　甘薯种质资源描述规范和数据标准

2 – 14　马铃薯种质资源描述规范和数据标准

2 – 15　籽粒苋种质资源描述规范和数据标准

2 – 16　小豆种质资源描述规范和数据标准

2－17 豌豆种质资源描述规范和数据标准

2－18 豇豆种质资源描述规范和数据标准

2－19 绿豆种质资源描述规范和数据标准

2－20 普通菜豆种质资源描述规范和数据标准

2－21 蚕豆种质资源描述规范和数据标准

2－22 饭豆种质资源描述规范和数据标准

2－23 木豆种质资源描述规范和数据标准

2－24 小扁豆种质资源描述规范和数据标准

2－25 鹰嘴豆种质资源描述规范和数据标准

2－26 羽扇豆种质资源描述规范和数据标准

2－27 山黧豆种质资源描述规范和数据标准

2－28 黑吉豆种质资源描述规范和数据标准

3 经济作物

3－1   棉花种质资源描述规范和数据标准

3－2   亚麻种质资源描述规范和数据标准

3－3   苎麻种质资源描述规范和数据标准

3－4   红麻种质资源描述规范和数据标准

3－5   黄麻种质资源描述规范和数据标准

3－6   大麻种质资源描述规范和数据标准

3－7   青麻种质资源描述规范和数据标准

3－8   油菜种质资源描述规范和数据标准

3－9   花生种质资源描述规范和数据标准

3－10 芝麻种质资源描述规范和数据标准

3－11 向日葵种质资源描述规范和数据标准

3－12 红花种质资源描述规范和数据标准

3－13 蓖麻种质资源描述规范和数据标准

3－14 苏子种质资源描述规范和数据标准

3－15 茶树种质资源描述规范和数据标准

3－16 桑树种质资源描述规范和数据标准

3－17 甘蔗种质资源描述规范和数据标准

3－18 甜菜种质资源描述规范和数据标准

3－19 烟草种质资源描述规范和数据标准

3－20 橡胶树种质资源描述规范和数据标准

4 蔬菜

4-1 萝卜种质资源描述规范和数据标准

4-2 胡萝卜种质资源描述规范和数据标准

4-3 大白菜种质资源描述规范和数据标准

4-4 不结球白菜种质资源描述规范和数据标准

4-5 菜薹和薹菜种质资源描述规范和数据标准

4-6 叶用和薹（籽）用芥菜种质资源描述规范和数据标准

4-7 根用和茎用芥菜种质资源描述规范和数据标准

4-8 结球甘蓝种质资源描述规范和数据标准

4-9 花椰菜和青花菜种质资源描述规范和数据标准

4-10 芥蓝种质资源描述规范和数据标准

4-11 黄瓜种质资源描述规范和数据标准

4-12 南瓜种质资源描述规范和数据标准

4-13 冬瓜和节瓜种质资源描述规范和数据标准

4-14 苦瓜种质资源描述规范和数据标准

4-15 丝瓜种质资源描述规范和数据标准

4-16 瓠瓜种质资源描述规范和数据标准

4-17 西瓜种质资源描述规范和数据标准

4-18 甜瓜种质资源描述规范和数据标准

4-19 番茄种质资源描述规范和数据标准

4-20 茄子种质资源描述规范和数据标准

4-21 辣椒种质资源描述规范和数据标准

4-22 菜豆种质资源描述规范和数据标准

4-23 韭菜种质资源描述规范和数据标准

4-24 葱（大葱、分葱、楼葱）种质资源描述规范和数据标准

4-25 洋葱种质资源描述规范和数据标准

4-26 大蒜种质资源描述规范和数据标准

4-27 菠菜种质资源描述规范和数据标准

4-28 芹菜种质资源描述规范和数据标准

4-29 苋菜种质资源描述规范和数据标准

4-30 莴苣种质资源描述规范和数据标准

4-31 姜种质资源描述规范和数据标准

4-32 莲种质资源描述规范和数据标准

4－33　茭白种质资源描述规范和数据标准

4－34　蕹菜种质资源描述规范和数据标准

4－35　水芹种质资源描述规范和数据标准

4－36　芋种质资源描述规范和数据标准

4－37　荸荠种质资源描述规范和数据标准

4－38　菱种质资源描述规范和数据标准

4－39　慈姑种质资源描述规范和数据标准

4－40　芡实种质资源描述规范和数据标准

4－41　蒲菜种质资源描述规范和数据标准

4－42　百合种质资源描述规范和数据标准

4－43　黄花菜种质资源描述规范和数据标准

4－44　山药种质资源描述规范和数据标准

5　果树

5－1　苹果种质资源描述规范和数据标准

5－2　梨种质资源描述规范和数据标准

5－3　山楂种质资源描述规范和数据标准

5－4　桃种质资源描述规范和数据标准

5－5　杏种质资源描述规范和数据标准

5－6　李种质资源描述规范和数据标准

5－7　柿种质资源描述规范和数据标准

5－8　核桃种质资源描述规范和数据标准

5－9　板栗种质资源描述规范和数据标准

5－10　枣种质资源描述规范和数据标准

5－11　葡萄种质资源描述规范和数据标准

5－12　草莓种质资源描述规范和数据标准

5－13　柑橘种质资源描述规范和数据标准

5－14　龙眼种质资源描述规范和数据标准

5－15　枇杷种质资源描述规范和数据标准

5－16　香蕉种质资源描述规范和数据标准

5－17　荔枝种质资源描述规范和数据标准

5－18　弥猴桃种质资源描述规范和数据标准

5－19　穗醋栗种质资源描述规范和数据标准

5－20　沙棘种质资源描述规范和数据标准

5 – 21　扁桃种质资源描述规范和数据标准

5 – 22　樱桃种质资源描述规范和数据标准

5 – 23　果梅种质资源描述规范和数据标准

5 – 24　树莓种质资源描述规范和数据标准

5 – 25　越橘种质资源描述规范和数据标准

5 – 26　榛种质资源描述规范和数据标准

6　牧草绿肥

6 – 1　牧草种质资源描述规范和数据标准

6 – 2　绿肥种质资源描述规范和数据标准

6 – 3　苜蓿种质资源描述规范和数据标准

6 – 4　三叶草种质资源描述规范和数据标准

6 – 5　老芒麦种质资源描述规范和数据标准

6 – 6　冰草种质资源描述规范和数据标准

6 – 7　无芒雀麦种质资源描述规范和数据标准